원소의 주기율표

비금속 · 알칼리금속 · 알칼리토금속 · 전이금속 · 준금속

전이후금속 · 할로젠 · 불활성기체 · 란타넘족 · 악티늄족

1 H 수소																	2 He 헬륨
3 Li 리튬	4 Be 베릴륨											5 B 붕소	6 C 탄소	7 N 질소	8 O 산소	9 F 플루오린(플루오르)	10 Ne 네온
11 Na 나트륨/소듐	12 Mg 마그네슘											13 Al 알루미늄	14 Si 규소	15 P 인	16 S 황	17 Cl 염소	18 Ar 아르곤
19 K 칼륨/포타슘	20 Ca 칼슘	21 Sc 스칸듐	22 Ti 타이타늄/티타늄	23 V 바나듐	24 Cr 크로뮴(크롬)	25 Mn 망가니즈(망간)	26 Fe 철	27 Co 코발트	28 Ni 니켈	29 Cu 구리	30 Zn 아연	31 Ga 갈륨	32 Ge 저마늄/게르마늄	33 As 비소	34 Se 셀레늄(셀렌)	35 Br 브로민(브롬)	36 Kr 크립톤
37 Rb 루비듐	38 Sr 스트론튬	39 Y 이트륨	40 Zr 지르코늄	41 Nb 나이오븀(니오브)	42 Mo 몰리브데넘	43 Tc 테크네튬	44 Ru 루테늄	45 Rh 로듐	46 Pd 팔라듐	47 Ag 은	48 Cd 카드뮴	49 In 인듐	50 Sn 주석	51 Sb 안티모니(안티몬)	52 Te 텔루륨(텔루르)	53 I 아이오딘(요오드)	54 Xe 제논/크세논
55 Cs 세슘	56 Ba 바륨	57-71 La 란타넘족	72 Hf 하프늄	73 Ta 탄탈럼(탄탈)	74 W 텅스텐	75 Re 레늄	76 Os 오스뮴	77 Ir 이리듐	78 Pt 백금	79 Au 금	80 Hg 수은	81 Tl 탈륨	82 Pb 납	83 Bi 비스무트	84 Po 폴로늄	85 At 아스타틴	86 Rn 라돈
87 Fr 프랑슘	88 Ra 라듐	89-103 Ac 악티늄족	104 Rf 러더포듐	105 Db 더브늄	106 Sg 시보귬	107 Bh 보륨	108 Hs 하슘	109 Mt 마이트너륨	110 Ds 다름슈타튬	111 Rg 뢴트게늄	112 Cn 코페르니슘	113 Nh 니호늄	114 Fl 플레로븀	115 Mc 모스코븀	116 Lv 리버모륨	117 Ts 테네신	118 Og 오가네손
	란타넘족	→	57 La 란타넘(란탄)	58 Ce 세륨	59 Pr 프라세오디뮴	60 Nd 네오디뮴	61 Pm 프로메튬	62 Sm 사마륨	63 Eu 유로퓸	64 Gd 가돌리늄	65 Tb 터븀/테르븀	66 Dy 디스프로슘	67 Ho 홀뮴	68 Er 어븀/에르븀	69 Tm 툴륨	70 Yb 이터븀/이테르븀	71 Lu 루테튬
	악티늄족	→	89 Ac 악티늄	90 Th 토륨	91 Pa 프로트악티늄	92 U 우라늄	93 Np 넵투늄	94 Pu 플루토늄	95 Am 아메리슘	96 Cm 퀴륨	97 Bk 버클륨	98 Cf 칼리포늄	99 Es 아인슈타이늄	100 Fm 페르뮴	101 Md 멘델레븀	102 No 노벨륨	103 Lr 로렌슘

가볍게 읽는 무기화학

POST SCIENCE/05

화학을 처음 접하는 이들을 위한

가볍게 읽는 무기화학

사이토 가쓰히로 지음 | 공영태·나성은 옮김

북스힐

| 등장인물 소개 |

소년

극 소심한 성격.
주위에 잘 휩쓸리는 타입.

프린세스 샘

마법 화학계의 대학원생.
부잣집 따님.

화학 선생님

프린세스의 가정교사.
현재는 지도 교수.

새 집사

프린세스의 집사.
프린세스의 행방을 찾는 중

카멜레온

주변을 잘 보살피는 과학 소녀. 소년이 길에서 만나 집으로 데려옴.

| 들어가는 말 |

『가볍게 읽는 무기 화학』을 독자 여러분에게 소개합니다. 이 책은 앞서 출간한『가볍게 읽는 유기 화학』의 후속작입니다. 유기 화학이 독자 여러분에게 좋은 평을 받은 덕분에 부족한 점을 보완하여 무기 화학 책을 새롭게 기획하게 되었습니다.

이 책은 만화를 통해 자연스럽게 무기 화학을 이해할 수 있도록 만들었습니다. 만화는 재미있습니다.『가볍게 읽는 무기 화학』역시 재미있습니다. 고등학생 시절에 자주 들었던 말, "대학에 가려면 이 정도는 꼭 알아야 해!"라고 억지로 배웠던 그동안의 무기 화학과는 완전히 다릅니다.

만화책을 읽는다고 생각하고 가볍게 한 장 두 장 넘겨주세요. 이 책은 한 가지 주제를 두 쪽에 걸쳐 소개하는 구성으로 만들었습니다. 우선 왼쪽 페이지에서는 간단하고 짧은 문장으로 주제를 매우 쉽게 설명합니다. 읽기 쉬우면서도 핵심적인 화학의 내용들을 모아 놓아서 여러분은 이것만 이해해도 기초적인 지식을 완벽하게 얻을 수 있습니다.

그 다음에는 오른쪽 페이지의 만화를 봐주세요. 만화는 왼쪽 페이지의 설명을 좀 더 이해하기 쉽도록 그림과 힌트로 가득합니다. "음, 음, 그렇구나!" 고개를 끄덕이며 이 책을 끝까지 다 읽는다면 여러분은 무기 화학의 달인이 될 것입니다. 여러분은 주변 사람들에게 자랑할 만한 지식을 체득하게 되고, 주위에서 접하는 무기 화학과 관련된 문제들 역시 간단하게 풀어낼 수 있을 것입니다.

『가볍게 읽는 무기 화학』은 독자 여러분이 힘들어 하지 않고 재미있게 즐기면서도 무기 화학의 기초부터 최첨단의 지식까지 두루두루 살필 수 있도록 무척 공들여 만들었습니다. 여러분도 "좋은 책을 발견했다!"고 기뻐할 것이라 확신합니다.

"무기 화학은 외워야 한다"는 말을 자주 듣습니다. 원소 기호, 이온화 경향 등… "무기 화학은 일단 외워야 한다"고 합니다. 그렇지 않으면 이해할 수 없다고 합니다.

하지만 과연 그럴까요? 그렇지 않습니다. 화학은 외울 필요가 없습니다. 물론 화학뿐만 아니라 다른 어떤 학문이라도 기본적인 전문 용어는 알아 두어야 합니다. 하지만 그것은 수학에서의 1, 2, 3, 4…, 영어에서의 a, b, c, d…, 국어에서의 ㄱ, ㄴ, ㄷ…과 같이 기초적인 것입니다. 수학을 외우려고 하는 사람은 없습니다.

무기 화학도 마찬가지입니다. 원소 기호는 필요합니다. 하지만 반드시 외워야만 하는 원소는 수소H, 탄소C, 질소N, 염소Cl, 소듐Na 등 10개 정도일 뿐입니다. 이 외의 원소들은 주기율표를 보고 찾으면 되니 무리하게 외울 필요가 전혀 없습니다.

무기 화학은 기체, 보석, 생체, 그리고 원자로까지 모든 것들을 취급합니다. 마치 장난감 상자를 거꾸로 쏟아 놓았을 때처럼 즐거운 일로 가득합니다. 가슴 설레는 즐거움이 있습니다.

무기 화학은 융통성 없고 고지식한 이론가와는 잘 맞지 않는 분야입니다. 무기 화학자에게는 '놀이를 즐기는 마음'과 '모험심'이 필요합니다. 이론도 지식도 아닌, '알지도 못하고, 본 적도 없는 세계에 놀러 가고 싶다'는 낭만으로 가득한 마음이 필요합니다.

공부는 원래 즐거운 것입니다. 적어도 '싫어하는 것'은 아닐 텐데요. 하지만 공부를 좋아하는 사람은 독자 여러분을 빼면 소수겠지요? 왜 그럴까요? 어쩌면 현대의 교육 체제, 아니면 교과서, 참고서를 더 연구할 필요가 있을지도 모르겠습니다.

이 책이 이러한 현상에 대안이 되는 기폭제가 될 것이라고 조심스럽게 희망합니다. 독자 여러분이 무기 화학에 흥미를 느끼고, "다른 무기 화학 책을 읽어 볼까?"라고 생각한다면 이보다 더 기쁜 일은 없겠습니다.

마지막으로 이 책의 출판에 힘을 써 주신 SB Creative의 나카우 분토쿠(中右文德) 씨와 만화를 그려주신 야스다 마사카즈(保田正和) 씨에게도 감사의 마음을 전합니다.

2014년 4월

저자 사이토 가쓰히로齋藤勝裕

목차

제 1 장

단순하지만 까다로운 **원자의 구조**

모든 물질은 그것이 무기 물질이든 유기 물질이든 원자로 이루어져 있어요. 원자는 1개의 원자핵과 여러 개의 전자로 이루어져 있으며, 전자는 전자 껍질 안에 들어 있어요. 원자를 구성하는 전자 수와 전자가 전자 껍질에 들어가는 방식에 따라서 원자의 성질과 반응성이 결정돼요. 제1장에서는 화학에서 가장 기초가 되는 원자의 구조에 대해서 살펴볼게요.

1 CHAPTER

1 SECTION

무기 화학의 연구 범위는 어디까지일까?

유기 화합물은 생명의 물질

화학은 물질을 연구하는 과학 분야예요. 화학에는 유기 화학, 무기 화학, 물리 화학, 양자 화학 등 다양한 분야가 있어요. 화학을 다루는 물질에 따라 분류한 것이 **유기 화학**과 **무기 화학**이에요. 유기 화학에서는 **유기 화합물**을 다루며, 무기 화학에서는 **무기 화합물**을 다루어요.

그렇다면 유기 화합물이란 무엇일까요? 유기 화합물은 본래 '생명과 관련된 물질'을 의미해요. 그리고 이를 구성하는 원자는 탄소(C), 수소(H), 산소(O), 질소(N) 등 몇 종류뿐이며, 유기 화학에서는 이들 원자로 이루어진 물질을 다루고 있어요.

무기 화학은 유기 화합물 이외의 모든 것을 포함

한편 무기 화합물이란 '**유기 화합물 이외의 모든 화합물**'을 말해요. 때문에 연구 범위도 방대한데요. 탄소와 수소는 물론이고 모든 원소가 그 대상이에요. 원자 번호 1번인 수소(H)부터 118번인 오가네손(Og)까지가 무기 화학의 연구 영역에 들어가요. 이 점이 바로 무기 화학의 큰 매력이죠.

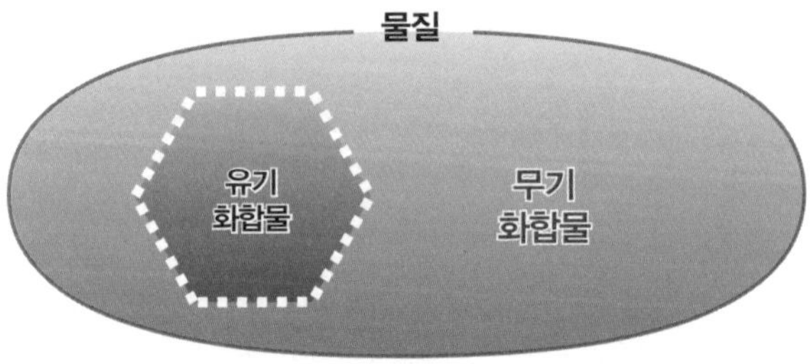

얏!
착지 성공
누구?
'유기 화학'이라고 들어 봤나요? 유기 화학에 등장하는 원소는 몇 개 없지만 '무기 화학'은 달라요.
무기 화합물은 '118종류의 모든 원소'가 연구 대상이에요.
갔다 왔다
즉 '원소란 무엇인가?' 하는 문제가 무기 화학에서 비중 있게 다루어진다는 말씀이죠.
왔다 갔다
'118'종류의 서로 다른 원소가 생기게 된 원인은 무엇인가? 원소가 서로 반응했을 때 어떤 결과가 나타나는가?
He
Na
Fe
원소란 도대체 무엇인가? 제가 이제부터 자세히 설명해…….
어? 앓아 누웠네!?
먼저 소개부터 해주시죠. 우리 오빠가 낯을 좀 가려요.

1 CHAPTER 2 SECTION

물질은 원자로 이루어져 있다.

원자의 형태

우주는 물질과 에너지로 이루어져 있으며 모든 물질은 **원자**로 이루어져 있어요. 원자의 형태를 직접 본 사람은 지금까지 없었고 앞으로도 없을 거예요. 그렇지만 많은 실험을 통해서 원자는 '구 형태의 입자'라고 알려져 있어요. 구를 형성하는 것은 **전자 구름**(electron cloud)이라 불리는 수 많은 전자로 이루어진 구름이에요. 그리고 전자 구름의 중심에는 **원자핵**이라는 아주 아주 작은 입자가 있어요.

원자의 크기는 너무나 작다

원자의 직경은 약 10^{-10}m 정도예요. 가령 원자를 탁구공에 비유하면 원래의 탁구공은 지구 정도의 어마어마한 크기가 돼요.

그 중심에 있는 원자핵의 직경은 원자의 약 1만분의 1이에요. 쉽게 예를 들어서 설명할게요. 직경 100m 크기의 돔 야구장 2개를 위아래로 붙인 거대한 공을 원자라고 했을 때, 원자핵은 야구장 한가운데 놓인 직경 1cm 정도의 구슬에 해당해요.

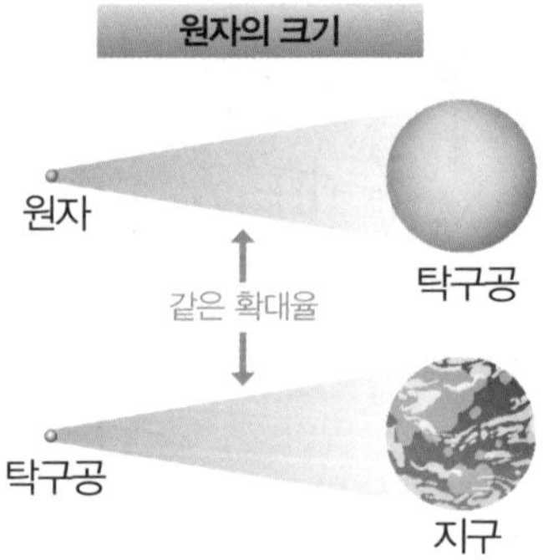

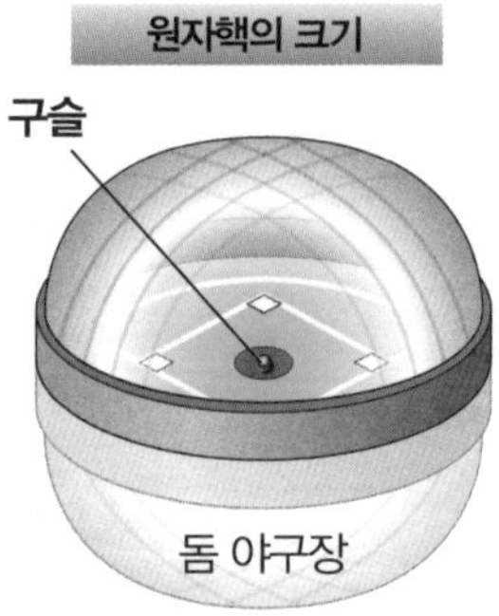

전자 구름을 야구장에 비유하면
원자핵은 구슬 정도이다.

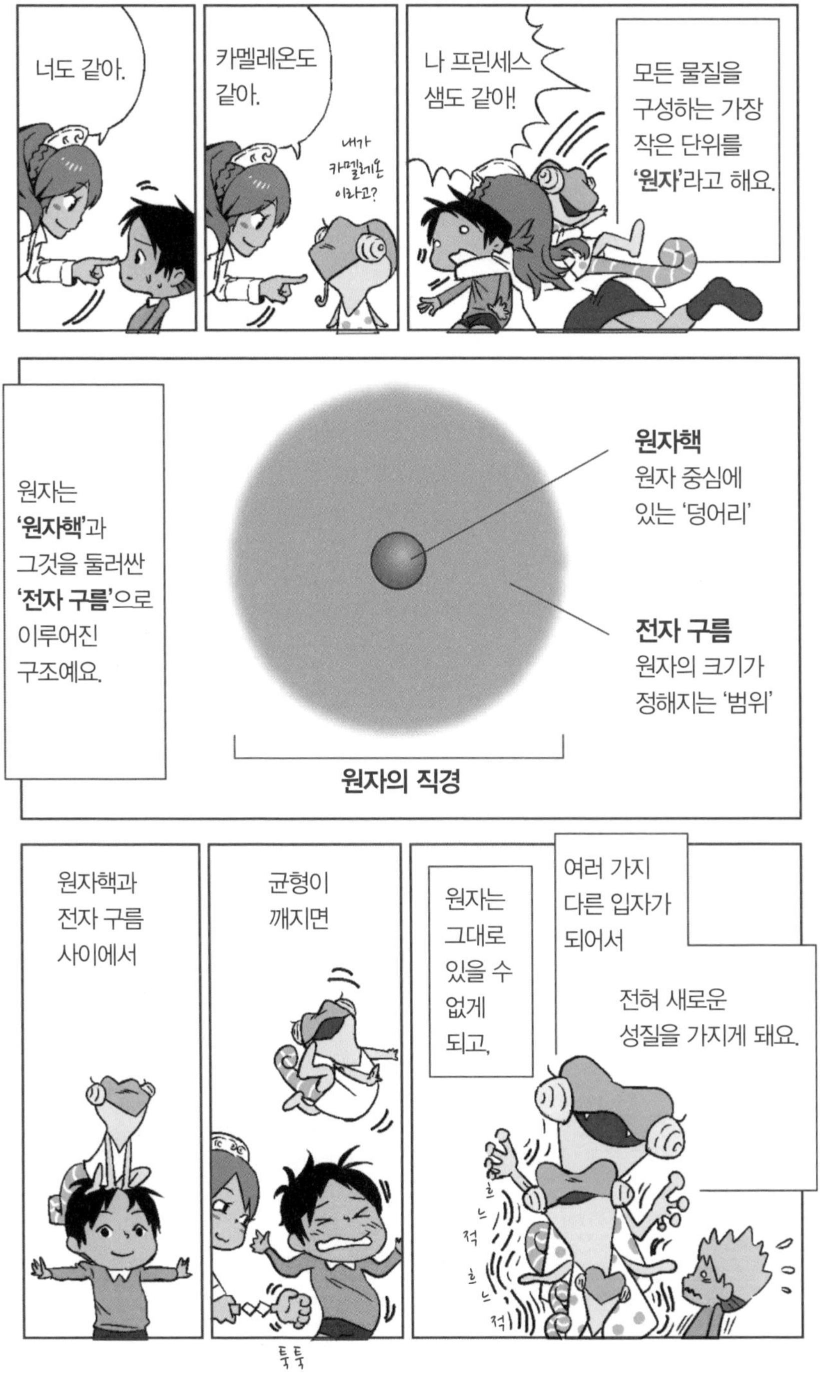
너도 같아.
카멜레온도 같아.
내가 카멜레온 이라고?
나 프린세스 샘도 같아!
모든 물질을 구성하는 가장 작은 단위를 **'원자'**라고 해요.
원자는 **'원자핵'**과 그것을 둘러싼 **'전자 구름'**으로 이루어진 구조예요.
원자핵
원자 중심에 있는 '덩어리'
전자 구름
원자의 크기가 정해지는 '범위'
원자의 직경
원자핵과 전자 구름 사이에서
균형이 깨지면
툭툭
원자는 그대로 있을 수 없게 되고,
여러 가지 다른 입자가 되어서
전혀 새로운 성질을 가지게 돼요.
흐느적 흐느적

1 CHAPTER 3 SECTION

원자를 구성하는 3가지 입자의 차이

전자 · 양성자 · 중성자

원자는 중심에 있는 원자핵과 그것을 둘러싼 전자 구름으로 이루어져 있다고 했어요. 그렇다면 전자 구름이나 원자핵은 무엇으로 이루어져 있을까요?

전자 구름은 1개 또는 여러 개의 **전자**라는 작은 입자로 이루어져 있어요. 그리고 원자핵은 **양성자**와 **중성자**의 2종류의 입자로 이루어져 있어요. 따라서 원자는 전자, 양성자, 중성자의 3종류의 입자로 이루어져 있다고 할 수 있어요.

3종류의 입자의 성질과 상태는 아래 표에 정리한 것을 참고해 주세요. 전자의 질량은 양성자 또는 중성자에 비해서 무시할 정도로 작다는 것을 알 수 있어요.

전자와 양성자의 전하는 서로 상쇄되어 중성으로

입자의 전하를 살펴보면 전자는 **(−)전하**를 띠고 있어요. 1개 전자의 전하량 e를 −1이라고 했을 때 양성자는 반대로 **(+)전하**를 띠며 +1이 돼요. 중성자는 전하를 띠지 않아요.

어떤 원자를 구성하는 전자와 양성자의 수는 같기 때문에 전자 구름의 (−)전하와 원자핵의 (+)전하는 서로 상쇄되어 없어지게 돼요. 그 결과 원자는 전체로 봤을 때 **전기적으로 중성**이 돼요.

명칭			기호	상대 전하	질량(g)	질량수
원자	전자		e	−1 ($-e$)	9.1093×10^{-34}	0
	원자핵	양성자	p	+1 ($+e$)	1.6726×10^{-30}	1
		중성자	n	0	1.6749×10^{-30}	1

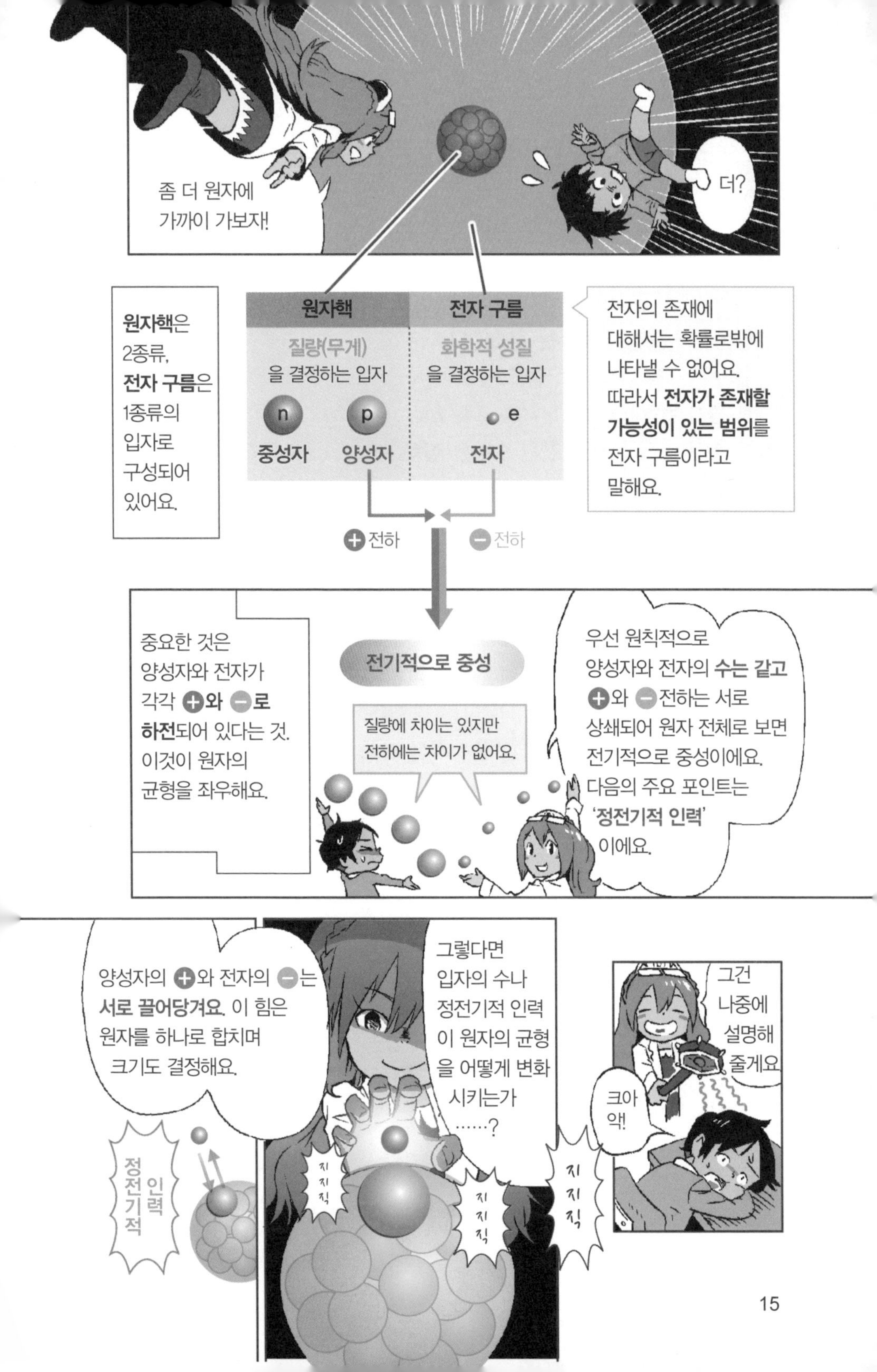

좀 더 원자에 가까이 가보자!
더?
원자핵은 2종류, 전자 구름은 1종류의 입자로 구성되어 있어요.
원자핵
질량(무게) 을 결정하는 입자
n
p
중성자
양성자
전자 구름
화학적 성질 을 결정하는 입자
e
전자
전자의 존재에 대해서는 확률로밖에 나타낼 수 없어요. 따라서 전자가 존재할 가능성이 있는 범위를 전자 구름이라고 말해요.
+ 전하
− 전하
전기적으로 중성
중요한 것은 양성자와 전자가 각각 +와 −로 하전되어 있다는 것. 이것이 원자의 균형을 좌우해요.
질량에 차이는 있지만 전하에는 차이가 없어요.
우선 원칙적으로 양성자와 전자의 수는 같고 +와 −전하는 서로 상쇄되어 원자 전체로 보면 전기적으로 중성이에요. 다음의 주요 포인트는 '정전기적 인력' 이에요.
양성자의 +와 전자의 −는 서로 끌어당겨요. 이 힘은 원자를 하나로 합치며 크기도 결정해요.
정전기적 인력
그렇다면 입자의 수나 정전기적 인력이 원자의 균형을 어떻게 변화시키는가……?
지지직
지지직
지지직
그건 나중에 설명해 줄게요
크아악!

1 CHAPTER 4 SECTION

원자 번호와 질량수로 알 수 있는 사실

양성자와 중성자의 수는 원소마다 다르다

원자핵은 양성자와 중성자로 이루어져 있어요. 원자핵을 이루는 양성자 수를 **원자 번호**라고 하고, 기호로는 Z로 표시해요. 원자핵을 구성하는 양성자 수와 중성자 수를 합친 숫자를 **질량수**라고 하며 기호 A로 나타내요. 원자 번호는 원소 기호의 왼쪽 밑에 첨자로 적고, 질량수는 왼쪽 위에 첨자로 적기로 약속되어 있어요.

전자 구름을 구성하는 전자의 수는 원자핵을 구성하는 양성자의 수와 같기 때문에 원자 번호 Z의 원자는 Z개의 전자를 갖게 돼요.

동위 원소란 무엇인가?

원자 번호는 같은데 질량수가 다른 원자를 서로 **동위 원소**라고 해요. 예를 들면 지구상의 수소 원자는 중성자를 갖지 않는 ^{1}H(경수소라고도 함), 중성자를 1개 갖는 ^{2}H(D: 중수소), 2개 갖는 ^{3}H(T: 삼중 수소)와 같이 3개의 동위 원소가 알려져 있어요.

원자의 화학적 성질은 전자 구름에 의해서 결정돼요. 때문에 전자 수가 같은 동위 원소는 화학적으로 동일한 반응을 나타내요.

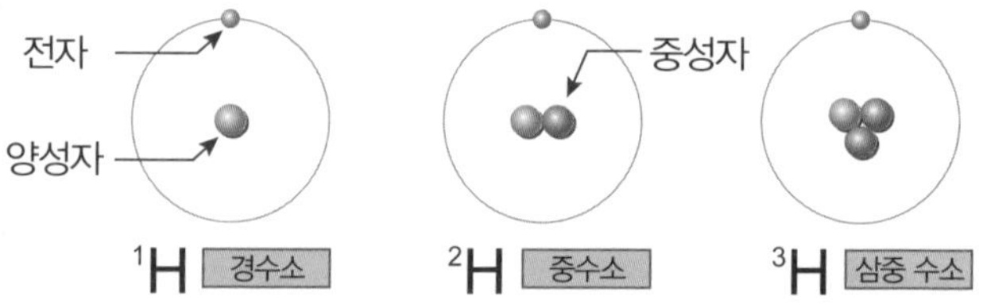

수소의 3개의 동위 원소는 중성자 수만 다르다.

원소의 올바른 표기 방법

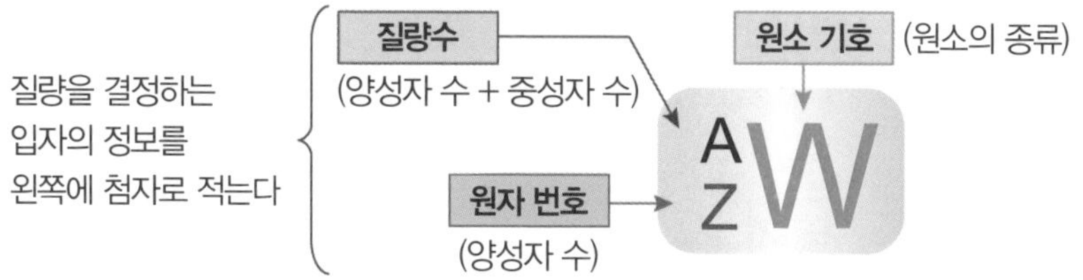

질량을 결정하는
입자의 정보를
왼쪽에 첨자로 적는다
질량수
(양성자 수 + 중성자 수)
원자 번호
(양성자 수)
원소 기호 (원소의 종류)
A
Z
W

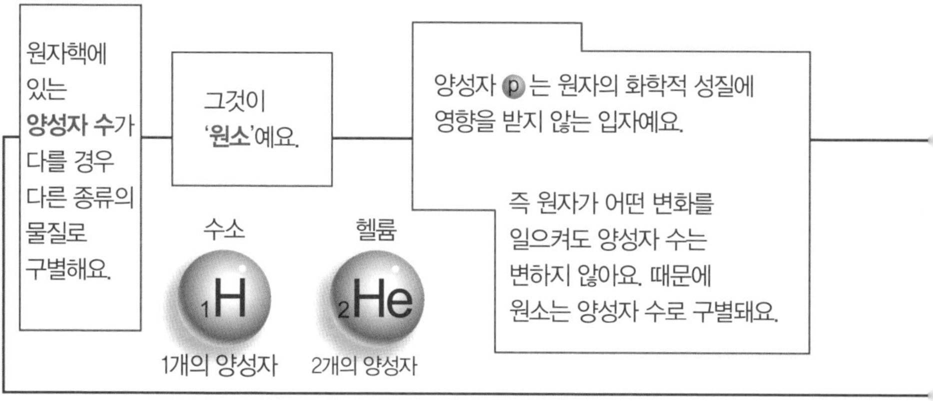

원자핵에
있는
양성자 수가
다를 경우
다른 종류의
물질로
구별해요.
그것이
'**원소**'예요.
수소
헬륨
1H
2He
1개의 양성자
2개의 양성자
양성자 p 는 원자의 화학적 성질에
영향을 받지 않는 입자예요.
즉 원자가 어떤 변화를
일으켜도 양성자 수는
변하지 않아요. 때문에
원소는 양성자 수로 구별돼요.

중성자 수와
양성자 수는
거의 같은 경우가
많아요.
하지만—
안정된 상태가
꼭 한 개만 있는
것은 아니에요.
나도!
같은 원소이면서
양성자 수는 같은데
중성자 수가 다른
원소를 **동위 원소**
라고 해요.
경수소
1
1H
수소의
동위 원소
2
1H
중수소
3
1H
삼중 수소
일반적으로 동위 원소에
는 새로운 기호를 사용
하지 않아요.
중성자는 화학적 성질
에는 관여하지 않으므
로 새로운 기호를 붙여
야 할 의미가 크지 않아
서죠.
'원소의 종
류는 **양성자**
p 수로
결정된다'는
거군요.

1 CHAPTER
5 SECTION

원자량을 정수로 나타낼 수 없는 이유

동위 원소의 존재량이 크게 다르다

수소에는 ^{1}H, ^{2}H, ^{3}H와 같이 3종류의 동위 원소가 있어요. 하지만 존재량이 크게 달라요. 99.985%는 ^{1}H이고, 나머지는 ^{2}H이며, ^{3}H는 거의 없어요.

우라늄에는 원자로의 연료가 되는 ^{235}U과 연료가 되지 않는 ^{238}U가 있어요. 그런데 ^{235}U는 겨우 0.7%에 불과해요. 이처럼 동위 원소의 존재 비율을 **동위 원소 존재비**라고 해요.

원자량 구하는 법

원자에는 ^{1}H와 같이 질량수가 1인 작은 원자도 있고 ^{238}U와 같이 질량수가 큰 원자도 있어요. 당연히 질량도 달라요. 일반적으로 원자의 질량을 나타내는 값을 **원자량**이라고 해요.

간단히 말하면 원자량은 그 원자의 모든 동위 원소의 질량수의 **가중 평균값**이라고 할 수 있어요. 수소의 경우 아래 식에서 보듯이 1.00015이며, 어림하면 수소의 원자량 1에 가까운 수치가 돼요.

하지만 실제로는 탄소의 동위 원소 ^{12}C의 원자량을 12로 정하고 이를 기준으로 원자량을 결정해요. 이러한 계산 방식에 따르면 수소의 원자량은 1.00794가 돼요.

수소의 가중 평균값	$\frac{1\times99.985 + 2\times0.015 + 3\times0}{100} = 1.00015$

양성자와 중성자가 원자의 질량을 결정해요. 하지만 너무 작기 때문에 과학자들은 쉬운 지표를 생각해냈어요.

바로 **'원자량'**

원자	질량수	원자량 (어림수)
수소 ^{1}H	1	1
탄소 ^{12}C	12	12
질소 ^{14}N	14	14
산소 ^{16}O	16	16

정확한 원자량의 값은 12C(질량수 12의 탄소)와의 **상대 질량**을 기준으로 산출해요.

	원자 1개의 질량(g)	상대 질량 (단위 없음)
탄소 ^{12}C	1.99265×10^{-23}	12 (기준)
수소 ^{1}H	0.167353×10^{-23}	x

계산 1 $x = \dfrac{0.167353 \times 10-23 \times 12}{1.99265 \times 10-23} \fallingdotseq 1.00782$

계산 2 동위 원소 ^{2}H, ^{3}H도 마찬가지로 상대 질량을 산출하고 존재비도 고려하여 평균을 내면…… → **수소의 원자량** **1.00794**

1 CHAPTER
6 SECTION

몰은 '1 다스'와 같은 용량 단위이다.

아보가드로 수

원자 1개의 질량은 너무 작아서(가벼워서) 측정이 불가능해요. 마치 밀가루 입자 1개의 무게를 측정하는 것과 같다고 할 수 있어요. 그런데 밀가루 입자 1개의 무게를 측정하는 것은 무리지만 밀가루 1봉지라면 잴 수 있어요. 마찬가지로 원자 1개는 너무 가벼워서 측정할 수 없지만 많이 모이면 무거워져서 1g이 되겠지요. 더 많이 모으면 원자량과 같은 값의 질량이 될 거예요. 이때의 원자의 수를 발견자의 이름을 따서 '**아보가드로 수**'라고 하고 6.02×10^{23}개로 나타내요.

같은 1몰이라도 원자마다 질량이 다르다

아보가드로 수만큼 모인 원자의 집합체를 **1몰**(mol)이라고 해요. 마치 12자루의 연필을 1다스라고 하는 것과 같아요. 그리고 같은 1다스라고 해도 연필과 골프공의 무게가 서로 다른 것처럼 같은 1몰이라도 원자에 따라서 질량이 달라져요.

연필의 경우　　원자의 경우

	연필의 경우	원자의 경우
개수	12개	6.02×10^{23}개
단위	**1다스**	**1몰**

원자 1개의
질량은 작지만
일정량의 개수를
합치면 1개의 단위를
만들 수 있어요.
그 단위를
'몰'이라고 해요.
몰(mol)
=
12g의 탄소 ^{12}C 안에 포함된 원자의 수 (6.02×10^{23}개)를 1개의 단위로 나타낸 것
몰 역시
^{12}C를 기준으로 삼고
있는 것이 포인트!
참고로 1-5에서 말한
^{12}C 1개 × 1 몰은
당연히 12g이
되겠지요.
원자량 12의 탄소가 1몰 모이면 12g
원자량 27의 알루미늄이 1몰 모이면 27g
원자량 × 몰(mol) = 질량(g)
원자량은 ^{12}C의
상대적인 값이기
때문에 다른 원자로
바꾸어도
마찬가지예요.
그래서
어떻다는
말이죠?
좋은
질문이야,
카멜레온!
번뜩
질량(g) ÷ 원자량 = 몰(mol)
원자의 개수를 알 수 있다
즉, 서로
다른 단위를
연결시켜서
사용하는 점이
매우 편리한
거지요.
예를 들면 어떤 물질의 질량을 측정했다고 해서
거기에 포함된 원자의 개수를 알아맞히기는 어렵겠죠?
하지만 원자량과 같은 ^{12}C를 기준으로 한 몰을 사용하면
질량과 원자량의 값에서 원자의 개수라는 단위로
쉽게 변환할 수 있게 돼요.
꼬옥~

1 CHAPTER 7 SECTION

전자가 들어 있는 전자 껍질은 다층 구조이다.

전자 껍질의 특징

원자를 구성하는 여러 개의 전자는 그저 원자핵 주변에 모여만 있는 것은 아니에요. 전자에는 자기가 속한 장소가 있어요. 마치 학교에서 반을 나누듯 말이죠. 이것을 **전자 껍질**이라고 해요. 전자 껍질은 구의 껍질 형태이며 원자핵에 가까운 쪽부터 **K껍질**, **L껍질**, **M껍질**……이라고 해요. K부터 시작하는 알파벳 순서로 이름이 붙여져요.

주양자수로 전자 껍질의 정원을 알 수 있다

전자 껍질에는 정원이 정해져 있어요. K껍질은 2개, L껍질은 8개, M껍질은 18개 등이에요. 이것을 정수 n을 이용하여 '$2n^2$'개로 나타내는데, n은 K껍질이 1, L껍질이 2, M껍질이 3이 돼요. 정수 n을 그 전자 껍질의 **주양자수**라고 불러요.

건물에도 1층과 2층의 높이(위치 에너지)가 다르듯이 각 전자 껍질도 고유의 에너지를 가지고 있어요. 원자핵에 가까울수록 에너지가 낮고 안정하며 원자핵에서 멀어질수록 에너지가 높고 불안정해요.

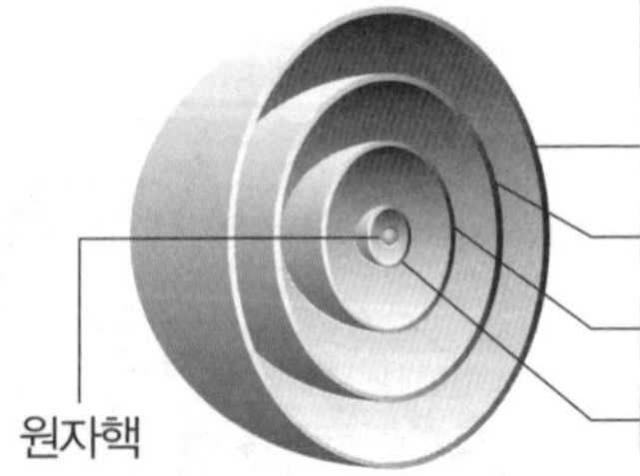

	주양자수 (n)	정원 ($2\times n^2$)	에너지
N껍질	4	32개	(불안정)
M껍질	3	18개	
L껍질	2	8개	
K껍질	1	2개	(안정)

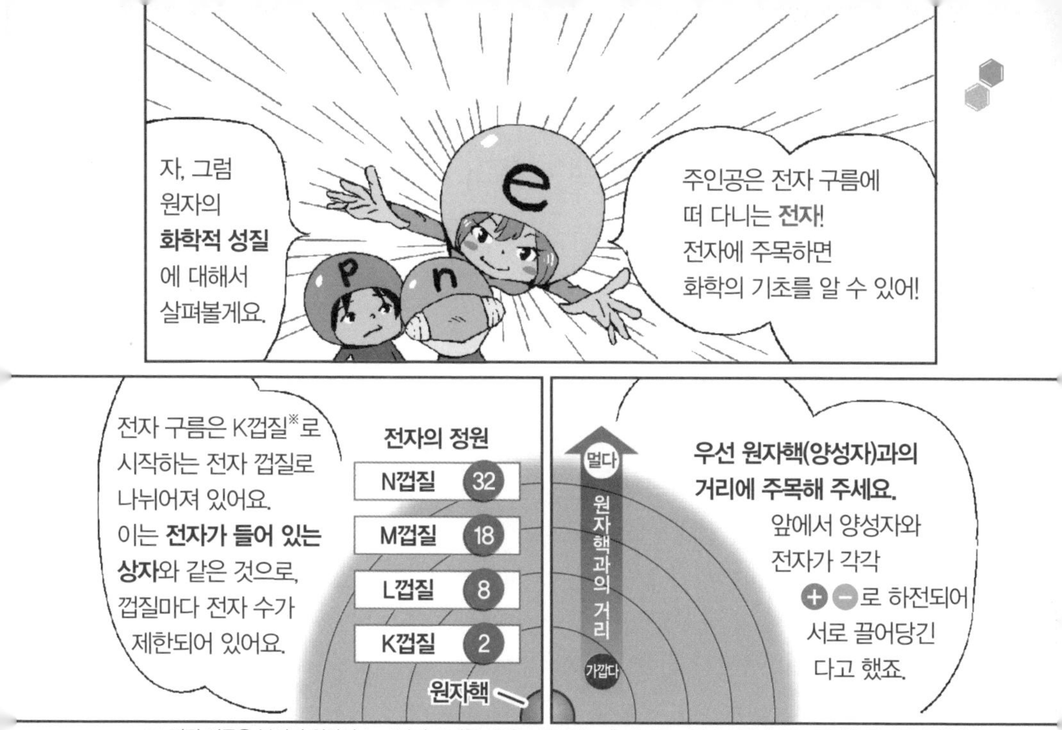

※ 껍질 이름을 붙이기 위하여 A~J까지 10개를 예비로 준비했는데, 실제로 K보다 안쪽에 있는 껍질은 존재하지 않았다.

※ 정전기적 인력을 자력에 비유하여 표현했다.

1 CHAPTER 8 SECTION

전자 껍질은 1개 이상의 오비탈(orbital) 모임이다.

전자 껍질을 자세히 살펴보면 여러 종류의 오비탈로 이루어져 있는 것을 알 수 있어요. 오비탈에는 **s오비탈, p오비탈, d오비탈**……등이 있어요. s오비탈은 1개이지만, p오비탈은 3개 세트, d오비탈은 5개 세트로 되어 있어요. 각각의 오비탈의 형태는 **오른쪽 페이지의 그림**과 같아요. s오비탈은 경단 모양, p오비탈은 2개의 경단이 꼬치에 끼워져 있는 모양인데, 3개의 p오비탈이 다른 것은 꼬치의 방향이 달라서예요.

각각의 전자 껍질이 어떤 오비탈로 이루어져 있는가는 **아래의 그림**과 같아요. s오비탈은 K껍질, L껍질 등 모든 전자 껍질에 존재하기 때문에 이를 구별하기 위해 '1s' '2s'와 같이 그것이 속한 전자 껍질의 주양자수로 나타내요. p오비탈, d오비탈 역시 같은 식으로 표시해요.

1개의 오비탈에 들어갈 전자의 정원은 2개예요. 각 전자 껍질에 있어서 오비탈의 전체 정원은 전자 껍질의 전체 정원과 일치해요.

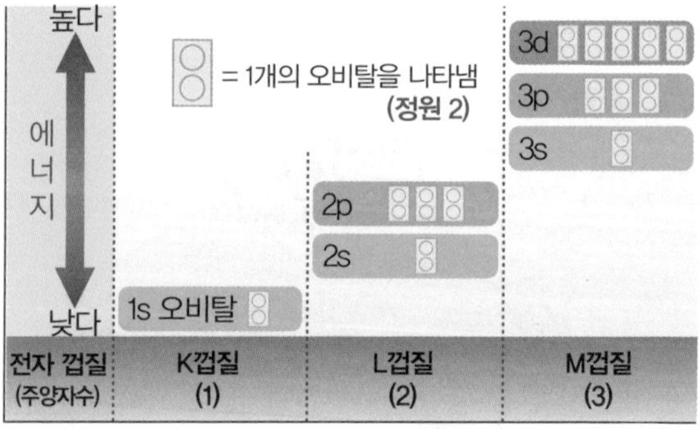

전자 껍질이라는 상자 안에는 s, p, d, f라는 이름의 '**오비탈 세트**'가 있어요. 이것은 더 작은 상자인 오비탈의 집합이에요.

다시 말해서 전자 껍질의 정원이란 **오비탈**의 전체 정원을 의미해요.

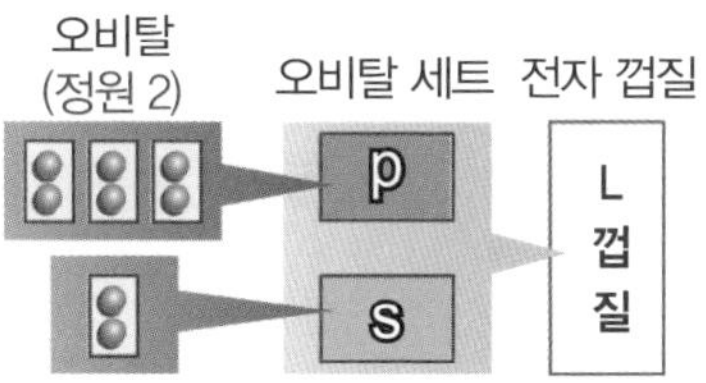

오비탈은 개수와 방향이 다르다

※ d오비탈보다 더 위의 f오비탈에 대해서는 따로 설명할게요.

그리고 오비탈의 세트는 **전자 껍질의 주양자수가 1개 늘어날 때마다 추가** 돼요.

주양자수와 오비탈

주양자수와 오비탈		전자의 정원
(3) M껍질	3s 3p 3d	2 + 6 + 10 = 18
(2) L껍질	2s 2p (추가)	2 + 6 = 8
(1) K껍질	1s (추가)	2 = 2

다음 1-9에서는 실제로 전자가 오비탈에 들어가는 것을 살펴볼게요.

1 CHAPTER 9 SECTION

전자 배치에는 일정한 규칙이 있다.

전자가 오비탈에 들어갈 때의 규칙

전자가 오비탈에 들어갈 때는 규칙이 있어요.

- 에너지가 낮은 오비탈부터 순서대로 들어간다.
- 정원을 지킨다.

실제의 전자 배치

전자가 어떤 오비탈에 어떻게 들어가는지를 나타낸 것이 **전자 배치**예요. 아래 그림에서는 두 가지 규칙을 지키면서 전자를 오비탈에 넣고, 원자 번호 순으로 나타냈어요.

원자 번호가 1인 수소(H)는 전자가 1개밖에 없으므로 최저 에너지의 1s 오비탈에 들어가요. 오비탈의 정원은 2개이므로 원자 번호가 2인 헬륨(He)의 2번째 전자도 1s 오비탈에 들어갈 수 있어요. 이렇게 해서 K껍질은 전자의 정원이 다 차요. 전자 껍질이 전자로 가득 채워진 상태를 **닫힌 구조(폐각 구조)**라고 해요. 원자가 닫힌 구조가 되면 안정된 상태가 돼요. 한편, 닫힌 구조가 아닌 경우를 **열린 구조(개각 구조)**라고 해요.

원자 번호가 3 이상인 원자의 전자는 1s 오비탈 다음으로 에너지가 낮은 2s 오비탈, 2p 오비탈의 순서로 들어가요. 그리고 원자 번호가 10인 네온(Ne)에서 L껍질의 정원(2+2+6=10개)이 다 차서 닫힌 구조가 돼요.

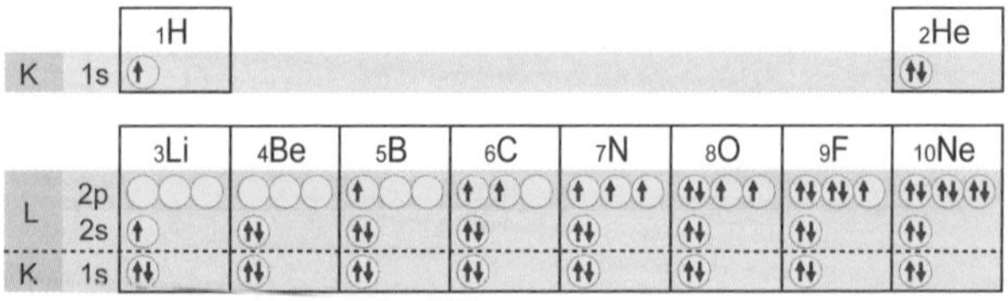

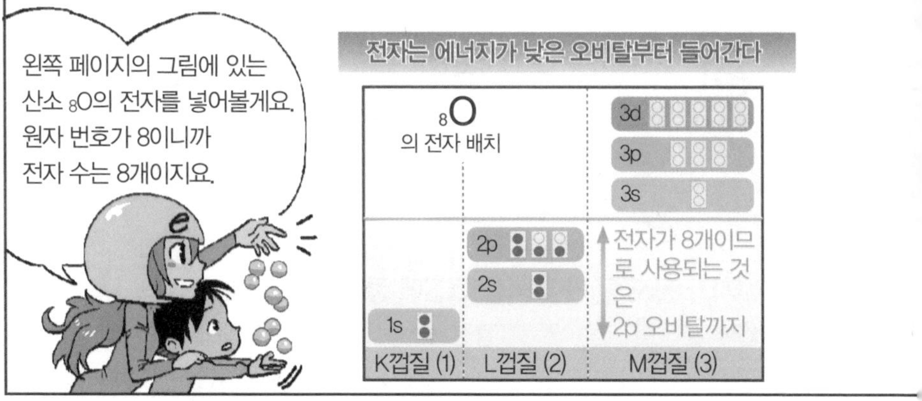

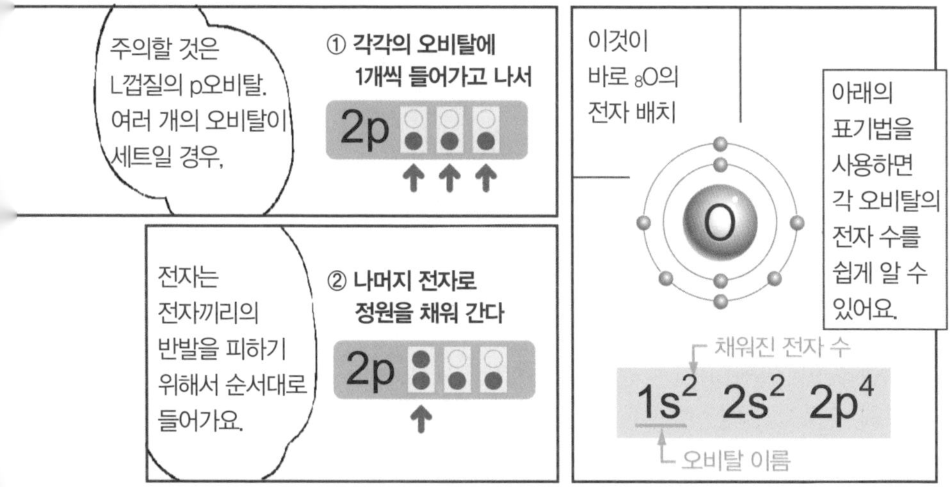

덧붙이자면……

전자는 스스로 왼쪽 혹은 오른쪽으로 자전해요(스핀). 전자의 스핀 방향을 구별해서 표시할 때는 왼쪽 페이지 그림처럼 화살표를 사용해요.

1 CHAPTER 10 SECTION

원자의 성질을 결정하는 원자가 전자

'원자가 전자'란 가장 바깥 껍질에 들어 있는 전자

전자가 들어 있는 전자 껍질 중에서 가장 바깥쪽에 있는 것을 **'가장 바깥 껍질**(outer shell electron)'이라고 하고, 안쪽 오비탈을 **'안쪽 껍질**(inner shell electron)'이라고 해요. 또 가장 바깥 껍질에 들어 있는 전자를 **'원자가 전자**(valence electron)' 혹은 **'가장 바깥 껍질의 전자'**라고 불러요.

'원자가 전자'가 원자의 성질을 결정하는 이유

원자를 눈으로 볼 수 있다고 가정해볼게요. 원자의 어느 부분을 볼 수 있을까요? 당연히 원자의 가장 바깥 부분이에요. 다시 말하면 가장 바깥 껍질의 전자(원자가 전자)가 보이는 거예요. 이는 원자의 외형, 즉 성질이 원자가 전자에 의해서 결정되는 것을 의미해요.

예를 들면 리튬(Li)에는 원자가 전자가 1개 있어요. 이 전자를 내보내면 리튬의 총 전자 수는 3개에서 2개로 되고, 전자의 (−)전하가 2가 되므로 원자핵의 (+)전하가 1이 더 많아져요. 이러한 상태를 **양이온**(cation)이라고 하고 Li^+로 표시해요.

그런데 원자가 전자가 2개라는 것은 헬륨과 같아지므로, Li^+은 닫힌 구조로 안정돼요. 즉 리튬(Li)은 양이온 Li^+이 되기 쉽다는 의미예요. 이와 같이 원자가 전자는 원자의 다양한 성질에 영향을 미쳐요.

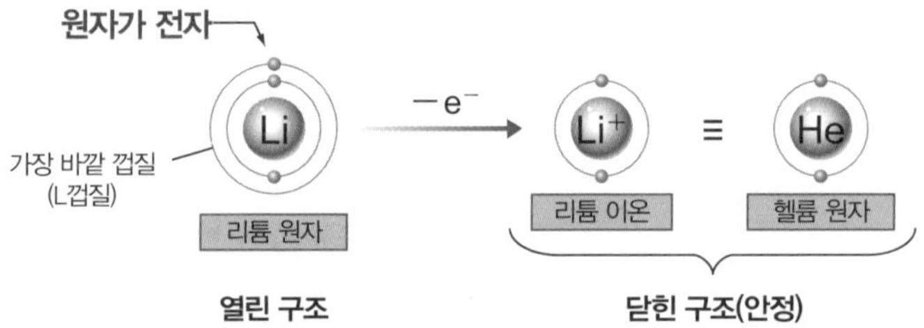

리튬 이온 Li^+은 헬륨(He)과 같은 닫힌 구조가 되어 안정된다.

불안정한 원자가 있어요.
원자는 '안정'된 **닫힌 구조**가 되려고 행동해요.
ㅠ
ㅠ
주세요
① 부족한 전자를 받기도 하고, ② 남은 전자를 내보내서 전자의 수를 조정하는 거예요.
원자에서 이온으로
원자가 전자
나가고 들어오는 가장 바깥 껍질의 전자
Li
중성
전자(e⁻)가 감소
전자(e⁻)가 증가
Li +
Li −
양이온
+ 로 하전
음이온
− 로 하전
하지만 전자 수의 변화는 전기적으로 중성인 원자의 균형을 깨뜨려요. 즉, 더 이상 원자라고 부르지 못하고 '**이온**'이라고 해요.
원자, 그만 둘까?
예를 들면 1-9에서 살펴본 ₈O는 2개의 전자를 받아들이지만 6개의 전자를 내보내지는 않아요. 그것이 더 간단하기 때문이죠.
힘들어 보여……
₈O
모든 화학 변화에는 전자가 나가거나 들어와요. 거기엔 전자 껍질이 비어 있는지 여부가 관련 있어요.
즉, 전자 배치가 정해지면 각 원자의 화학적 성질도 결정된다는 사실. 전자가 지금 어디에 몇 개 있는가? 이 점을 계속해서 주목해 주세요.

Column

디지털? 아날로그?

디지털과 아날로그가 어떻게 다른지는 '유'와 '무'의 차이로도 설명할 수 있어요. '유'와 '무'로 구성된 것이 디지털이고, '무'에서 '유'로 연속적으로 변화하는 것이 아날로그예요. 컴퓨터를 비롯해서 현대의 정보화 사회는 '디지털 만능'처럼 보여요. 과거에 듣던 CD 음악 역시 정보의 근원은 디지털이에요. 이 책의 표지는 연속적인 색채로 그려진 것 같지만 확대해보면 '점'으로 구성되어 있어요.

만물은 원자로 이루어져 있고, 원자는 개수를 셀 수 있는 입자예요. 이렇게 따지면 만물은 디지털로 구성되어 있다고도 생각할 수 있어요.

그런데 정말 그럴까요? 원자는 원자핵과 그 주변을 감싼 전자 구름으로 이루어져 있어요. 그리고 전자 구름은 구름처럼 뭉게뭉게해서 어디까지가 구름인지 윤곽을 정확히 알 수 없어요. 이것은 아날로그라고 할 수 있지 않을까요?

즉, 만물은 아날로그인 원자라는 단위로 구성된 디지털인 셈이에요. 이것을 디지털이라고 하면 좋을까요? 아니면 아날로그라고 하면 좋을까요?

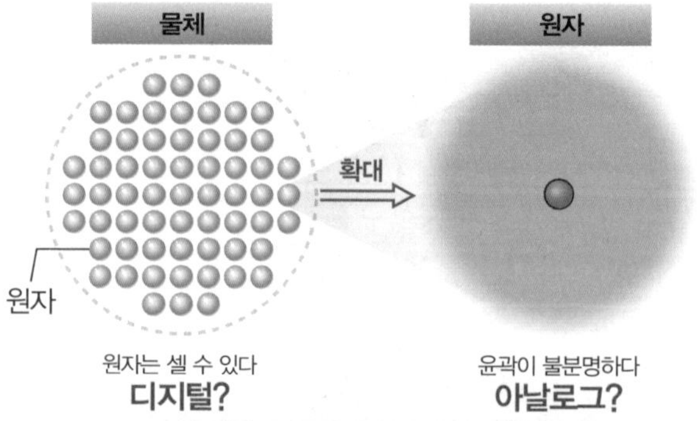

제 2 장

주기율표와 **분자 이야기**

지구에서 안정되게 존재하는 원자는 겨우 90종류에 불과해요. 이들 원자 중에서도 성질이 서로 비슷한 것이 있어요. 원자들의 비슷한 성질에 주목하여 분류해서 표로 만든 것이 주기율표예요. 주기율표는 원자의 '가족 관계 등록부'와 같다고나 할까요. 원자는 크게 주족 원소(전형 원소)와 전이 원소로 나뉘어요. 제2장에서는 다양한 원자의 성질에 대해 살펴볼게요.

2 CHAPTER 1 SECTION

주기율표에 감춰진 비밀은?

주기율표 보는 법

아래 그림은 **주기율표**의 일부예요. 주기율표는 원소를 원자 번호 순서대로, 전자 배치를 기준으로 배열한 것이에요. 주기율표에서 가로줄을 **주기**라고 해요. 제1주기, 제2주기라는 숫자는 그 주기에 속한 원자의 가장 바깥 껍질의 **주양자수**를 나타내요. 또 주기율표에서 세로줄을 **족**이라고 해요. 같은 족에 속한 원소는 서로 비슷한 성질을 가지고 있어요.

전자 배치가 서로 닮은 원소

아래 그림은 특히 **주족 원소**(전형 원소)라 부르는 원소를 전자 배치 순서대로 정리한 것이에요. 제1주기의 2개 원소(수소와 헬륨)는 전자가 K껍질에 들어가요. 제2주기는 새롭게 늘어난 전자가 L껍질에 들어 있어요. 제3주기는 M껍질에 들어 있는 것을 알 수 있어요.

세로로 배치된 원자의 원자가 전자를 봐주세요. 비슷하지요? 1족에 속하는 원자의 원자가 전자는 모두 1개, 2족은 2개, 13족은 3개예요. 18족은 모두 닫힌 구조로 되어 있어요.

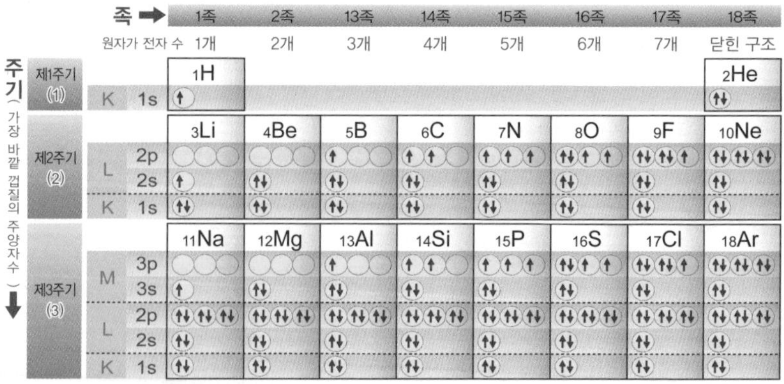

주기율표는 3가지 규칙으로 만들어졌어요

① 원자 번호 순으로 왼쪽에서 오른쪽으로 배열한다.
② 전자 껍질이 증가할 때 줄을 바꾼다(주기가 바뀐다).
③ 화학적 성질이 비슷한 원소를 같은 세로줄에 오도록 배열한다(원자가 전자 수 · 이온 전하를 맞춘다).

1	····· 원자 번호
H	····· 원소 기호
수소	····· 원소 명

족 →	1	2	3	4	5	6	7	8	9	10	11	12	13	14	15	16	17	18
이온 전하	+1	+2	복잡									+2	+3	×	(−3)	−2	−1	×
주기 1	1 H 수소																	2 He 헬륨
2	3 Li 리튬	4 Be 베릴륨											5 B 붕소	6 C 탄소	7 N 질소	8 O 산소	9 F 플루오린	10 Ne 네온
3	11 Na 소듐(나트륨)	12 Mg 마그네슘											13 Al 알루미늄	14 Si 규소	15 P 인	16 S 황	17 Cl 염소	18 Ar 아르곤
4	19 K 포타슘(칼륨)	20 Ca 칼슘	21 Sc 스칸듐	22 Ti 타이타늄	23 V 바나듐	24 Cr 크로뮴	25 Mn 망가니즈	26 Fe 철	27 Co 코발트	28 Ni 니켈	29 Cu 구리	30 Zn 아연	31 Ga 갈륨	32 Ge 저마늄	33 As 비소	34 Se 셀레늄	35 Br 브로민	36 Kr 크립톤
5	37 Rb 루비듐	38 Sr 스트론튬	39 Y 이트륨	40 Zr 지르코늄	41 Nb 나이오븀	42 Mo 몰리브데넘	43 Tc 테크네튬	44 Ru 루테늄	45 Rh 로듐	46 Pd 팔라듐	47 Ag 은	48 Cd 카드뮴	49 In 인듐	50 Sn 주석	51 Sb 안티모니	52 Te 텔루륨	53 I 아이오딘	54 Xe 제논
6	55 Cs 세슘	56 Ba 바륨	57−71 란타넘족	72 Hf 하프늄	73 Ta 탄탈럼	74 W 텅스텐	75 Re 레늄	76 Os 오스뮴	77 Ir 이리듐	78 Pt 백금	79 Au 금	80 Hg 수은	81 Tl 탈륨	82 Pb 납	83 Bi 비스무트	84 Po 폴로늄	85 At 아스타틴	86 Rn 라돈
7	87 Fr 프랑슘	88 Ra 라듐	89−103 악티늄족	104 Rf 러더포듐	105 Db 더브늄	106 Sg 시보귬	107 Bh 보륨	108 Hs 하슘	109 Mt 마이트너륨	110 Ds 다름슈타튬	111 Rg 뢴트게늄	112 Cn 코페르니슘	113 Nh 니호늄	114 Fl 플레로븀	115 Mc 모스코븀	116 Lv 리버모륨	117 Ts 테네신	118 Og 오가네손

란타넘 족 (15종)	57 La 란타넘	58 Ce 세륨	59 Pr 프라세오디뮴	60 Nd 네오디뮴	61 Pm 프로메튬	62 Sm 사마륨	63 Eu 유로퓸	64 Gd 가돌리늄	65 Tb 터븀	66 Dy 디스프로슘	67 Ho 홀뮴	68 Er 어븀	69 Tm 툴륨	70 Yb 이터븀	71 Lu 루테튬
악티늄 족 (15종)	89 Ac 악티늄	90 Th 토륨	91 Pa 프로트악티늄	92 U 우라늄	93 Np 넵투늄	94 Pu 플루토늄	95 Am 아메리슘	96 Cm 퀴륨	97 Bk 버클륨	98 Cf 캘리포늄	99 Es 아인슈타이늄	100 Fm 페르뮴	101 Md 멘델레븀	102 No 노벨륨	103 Lr 로렌슘

2 CHAPTER 2 SECTION

3족 원소의 특수성 –주기율표에서 아래 부분에 따로 제시된 원소들

주기율표의 3족 원소

3족 원소는 위에서부터 스칸듐(Sc), 이트륨(Y), 란타넘 족 원소, 악티늄 족 원소들이 있는데, 자세히 살펴보면 란타넘 족과 악티늄 족에는 원소 기호를 붙이지 않아요. 왜 그럴까요?

란타넘 족과 악티늄 족은 원소 이름이 아니라 **원소 그룹** 이름이기 때문이에요. 각 그룹에 어떤 원소가 속하는지는 주기율표 아래에 따로 적혀 있어요.

3족 원소는 스칸듐(Sc)과 이트륨(Y) 외에 15개의 **란타넘 족 원소**와 15개의 **악티늄 족 원소**를 포함하기 때문에 총 32개나 되는 큰 집합체예요. 이들 원소는 서로 성질이 비슷하며 편의상 크게 2개 그룹으로 정리하여 나타내고 있어요.

레어 어스(Rare Earth: 희토류)

3족 원소 중에서 스칸듐, 이트륨과 15개의 란타넘 족 원소를 **레어 어스**(희토류)라고 해요. 이들은 발광성과 자성을 가지고 있어서 현대 과학에 있어서 중요한 원소로 주목 받고 있어요(자세한 것은 제8장 참조).

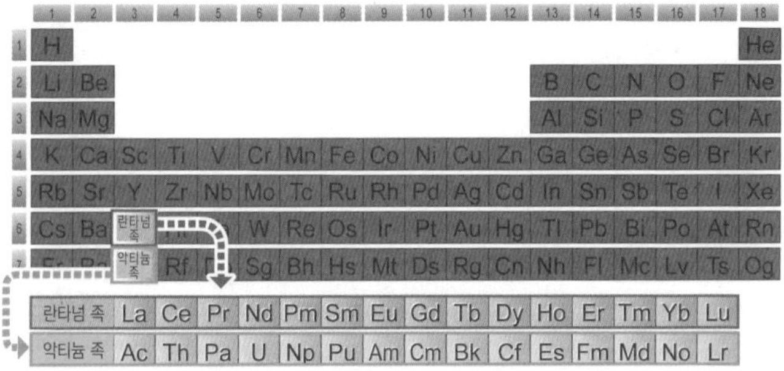

18족의 원자 번호
2
He
헬륨
차이 8
10
Ne
네온
차이 8
18
Ar
아르곤
차이 18
36
Kr
크립톤
차이 18
54
Xe
제논
차이 32
86
Rn
라돈
차이 32
118
Og
오가네손
분류에 들어가기 전에 우선 주기율표와 친해져 볼게요. 왼쪽 표를 보세요. 전자 껍질이 꽉 차서 **닫힌 구조**가 되면 줄을 바꿔야 하는데 원자 번호가 규칙성 있게 배열되는 것은 아니에요.
정원 수를 그대로 반영
K껍질 2
L껍질 8
M껍질 18
N껍질 32
흐음……
프린세스 샘이 무슨 말씀을 하시는지?
별거 아니에요.
말하자면 전자 배치를 중시하여 배열시킨 경우 부적합한 경우가 생기기도 한다는 걸 말하는 거예요.
원소의 비슷한 성질
(비슷한 전자 배치)
॥
원자 번호가 규칙성 있게 배열되지는 않는다.
॥
닫힌 구조를 오른쪽 끝에 배열하면 **각 행에서 원소 수가 달라진다.**
주기율표 전체가 비뚤어진 모양이 된다.
때문에 주기율표에는 제1~3주기와 같은 빈칸이 생기기도 하고 반대로 전체를 다 넣기 어려워서 바깥쪽에 따로 표기하는 원소도 생겨요.
란타넘 족
성질이 특히 비슷하다.
제6주기의 원소
(15종류)
악티늄 족
성질이 특히 비슷하다.
제7주기의 원소
(15종류)
편의성을 고려한 결과 현재의 주기율표가 완성되었어요. 성질이 특히 비슷한 원소들을 한 줄에 정리하고, 족의 수를 '18'로 정리하여 일단락을 지었어요.

2 CHAPTER 3 SECTION

원자의 성질은 주기적으로 변화한다.

이온화 에너지

1-10에서 리튬(Li) 원자가 전자를 방출하여 리튬 양이온 Li^{+}이 되는 것을 설명했어요. 이처럼 전기적으로 중성인 원자가 전자를 방출할 때 필요로 하는 에너지를 **이온화 에너지**라고 해요. 반대로 중성인 원자에 전자가 더해지면 음이온(Anion)이 되는데 이때 방출되는 에너지를 **전자 친화도**라고 해요.

이온화 에너지의 주기성

아래 그림은 원자의 이온화 에너지를 원자 번호 순으로 나열한 것이에요. 톱니 모양의 변화를 보이는데, 잘 보면 1족에서 작고 18족에서 커지는 것을 알 수 있어요. 1족은 원자가 전자가 1개이기 때문에 방출되기 쉽고, 18족은 안정된 **닫힌 구조**이므로 전자를 방출하기 어려운 것을 반영해요.

이와 같이 원자의 성질이 주기율표에 따라서 주기적으로 변화하는 것을 **주기성**이라고 해요.

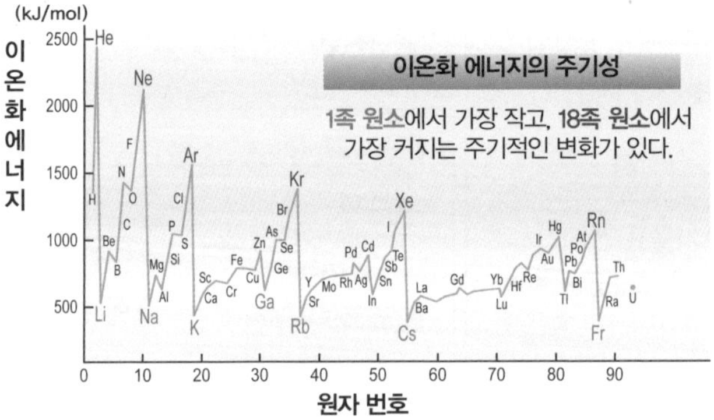

**양성자와 원자가 전자의 정전기적 인력이
강한 원자일수록 이온화 에너지가 커진다**

① 전자 껍질의 수가 적다　② 원자가 전자의 수가 많다

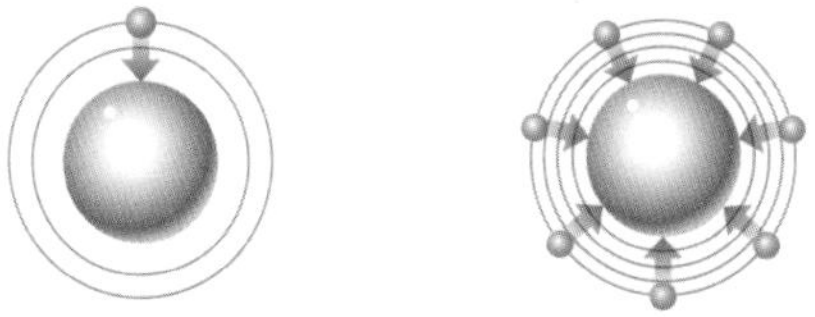

가장 바깥 껍질이 원자핵 가까이
있어서 떼어 내기 어렵다.

양전하에 의한 강한 정전기적 인력으로
원자가 응축되어 떼어 내기 어렵다.

이는 전자 배치만으로
정해지므로 이온화 에너지의
값은 주기율표상에서도
순서대로 배열되어 있어요
(주기율표 오른쪽
위로 갈수록 커져요).

하지만 실제 화학 반응에서는
상대적인 척도를 더 사용하기 쉬워서
이온화 에너지와 전자 친화도를
토대로 상대값으로 나타낸
것이 **'전기 음성도'**예요.

전기 음성도

||

전자를 끌어당기는 힘의 세기
(이온화 에너지에 거의 비례한다.)

||

수치가 **클수록 음이온**이 되기 쉽다.

예를 들면 2개의 원자 사이에
전자가 있을 때 전기
음성도가 큰 원자가 그 전자를
자기 쪽으로 끌어당길 수 있어요.
화학 반응 전체를 좌우하는
중요한 값이에요.

전기 음성도와 주기성

전기 음성도는 오른쪽
위로 갈수록 커진다.

1	2	13	14	15	16	17	18
H 2.1							He –
Li 1.0	Be 1.5	B 2.0	C 2.5	N 3.0	O 3.5	F 4.0	Ne –
Na 0.9	Mg 1.2	Al 1.5	Si 1.8	P 2.1	S 2.5	Cl 3.0	Ar –
K 0.8	Ca 1.0	Sc 1.3	Ge 1.8	As 2.0	Se 2.4	Br 2.8	Kr –

2 CHAPTER 4 SECTION

원자와 원소의 정의

원자가 개인이라면 원소는 인종

원자는 구조를 갖는 입자예요. 당연히 1개, 2개로 셀 수 있어요. 하지만 **원소**는 개체 이름이 아니에요. 그래서 원소를 1개, 2개로 셀 수 없어요.

원자와 원소의 차이는 예를 들면 '개인'과 '인종'에 비유할 수 있어요. 개인은 서로 독립되어 있고 한 사람, 두 사람……셀 수 있지만 인종은 개인이 아니에요. 겉모습과 다른 성질을 갖는 개인이 많이 모인 집합체를 가리키는 말이에요.

원소는 동위 원소를 포함한다

수소의 예를 들어볼게요. 지구상의 수소에는 경수소 ^{1}H와 중수소 ^{2}H, 삼중 수소 ^{3}H와 같은 **동위 원소**가 있어요. 동위 원소는 각각이 다른 '수소 원자'예요. '수소 원소'라고 할 때는 3종류의 동위 원소 모두를 포함해요.

주기율표에서 나타내는 것은 '원소'예요. 현재 알려진 원소의 종류는 118종류예요. 그렇다면 원자의 종류는 얼마인가? 이 물음에 답하려면 모든 동위 원소의 종류를 세지 않으면 안 돼요. 약 300에서 400 정도의 종류가 될 거예요.

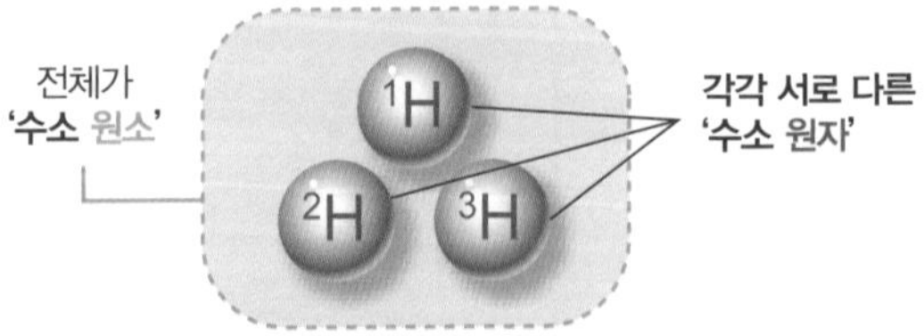

전기 음성도와 주기율표 전체를 연결해서 이미지를 떠올릴 수 있지요?
오른쪽 위의 플루오린 '원소'는 다른 '원소'에서 전자를 끌어당겨서…… ⊖이온이 돼요!
F
음……
으…… 틀렸어.
'원자'와 '원소'는 사용법이 달라요. 구체적인 것과 추상적인 것, 어느 쪽 이야기를 하느냐에 따라 서요.
블록에 비유하면……?
붉은 그룹
붉은 블록
원소
원자
추상적인 개념
구체적인 입자
어떤 물질의 추상적 성질은 '원소'이고, 그 구조를 구체적으로 구성하고 있는 것은 '원자'예요.
여기에 '붉은색'이 있으면 완성되는데
이것은 구체적인 '원자'이고
역시 '붉은색'이 있으면 활기 있어 보여!
이것은 추상적인 '원소'를 가리켜요.
다시 말해서 '전자를 끌어당기기 쉽다'는 것은 플루오린 원소의 성질이지만 실제로 전자를 끌어당기는 것은 플루오린 원자라는 말씀!
끙 끙 ㅡ

2 CHAPTER 5 SECTION

주족 원소·전이 원소의 분류

새롭게 늘어난 전자는 어디에 들어갈까?

2-1에서 원자는 원자 번호가 커지면서 새롭게 늘어난 전자가 가장 바깥 껍질에 들어갔어요. 즉, 새롭게 전자가 늘어나면서 가장 바깥 껍질의 전자(원자가 전자) 수가 변화하기 때문에 원자의 성질 역시 영향을 받아요. 마치 운동복에서 정장으로 갈아입었을 때처럼 말이죠.

하지만 원자 번호가 커져도 새로운 전자가 비어 있는 안쪽 껍질로 들어가는 경우가 있어요. 이러한 원자는 전자가 늘어나도 안의 셔츠만 갈아 입은 모양이 되므로 바깥에서 봤을 때는 변화를 잘 알 수 없어요.

주족 원소와 전이 원소의 차이

주기율표의 1, 2족, 그리고 12~18족의 원자에서는 새롭게 늘어난 전자가 가장 바깥 껍질에 들어가요. 이와 같은 원자를 **주족 원소**(전형 원소)라고 해요. 반면에 3족~11족에서는 새롭게 늘어난 전자가 안쪽 껍질로 들어가요. 이들 원자를 **전이 원소**라고 해요.

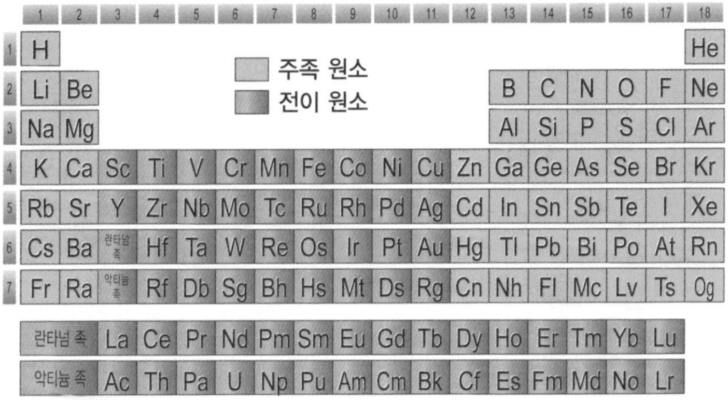

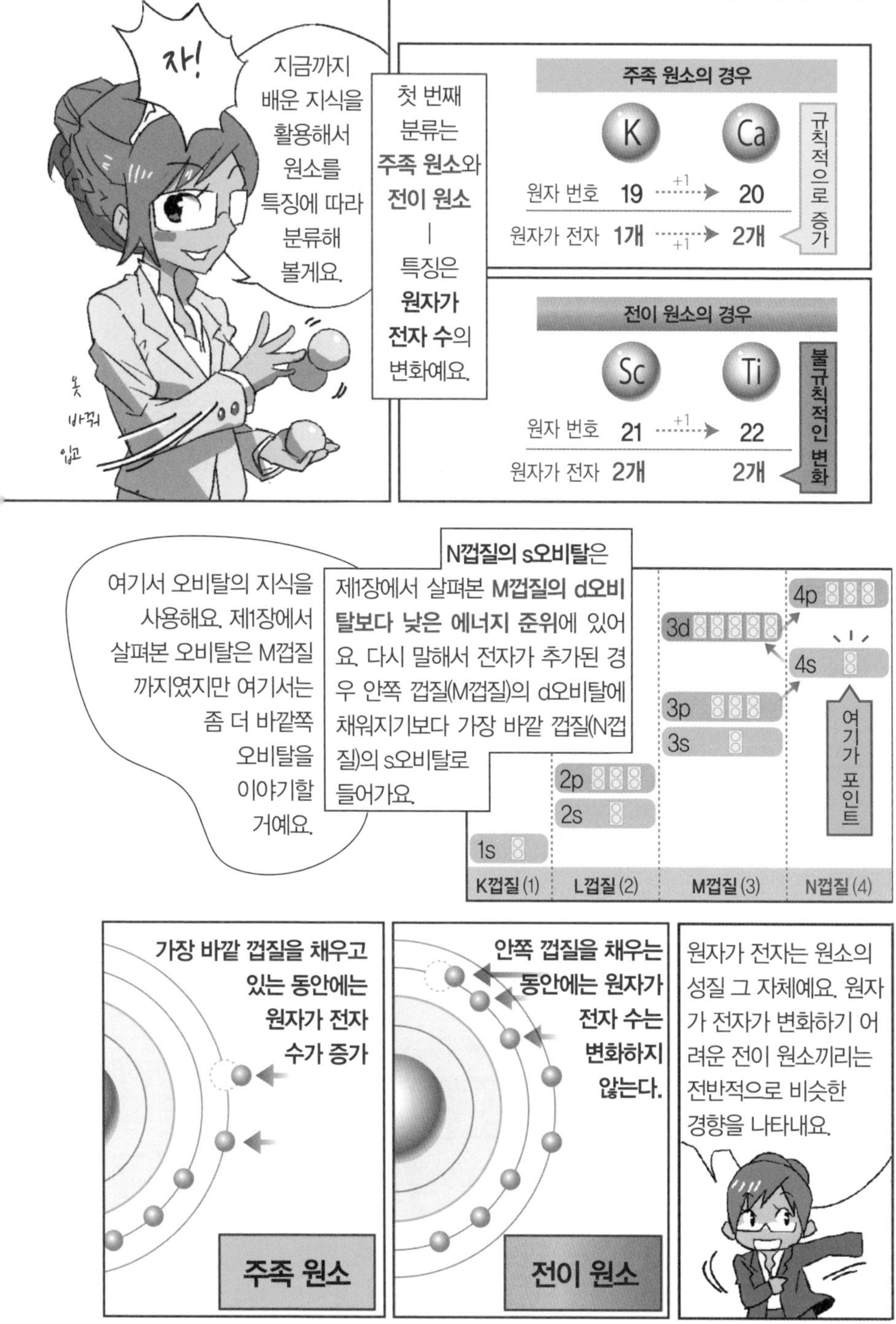
자!
지금까지 배운 지식을 활용해서 원소를 특징에 따라 분류해 볼게요.
옷 바꿔 입고
첫 번째 분류는 주족 원소와 전이 원소
특징은 원자가 전자 수의 변화예요.
주족 원소의 경우
K
Ca
원자 번호 19 +1 20
원자가 전자 1개 +1 2개
규칙적으로 증가
전이 원소의 경우
Sc
Ti
원자 번호 21 +1 22
원자가 전자 2개 2개
불규칙적인 변화
여기서 오비탈의 지식을 사용해요. 제1장에서 살펴본 오비탈은 M껍질까지였지만 여기서는 좀 더 바깥쪽 오비탈을 이야기할 거예요.
N껍질의 s오비탈은 제1장에서 살펴본 M껍질의 d오비탈보다 낮은 에너지 준위에 있어요. 다시 말해서 전자가 추가된 경우 안쪽 껍질(M껍질)의 d오비탈에 채워지기보다 가장 바깥 껍질(N껍질)의 s오비탈로 들어가요.
1s
2s
2p
3s
3p
3d
4s
4p
여기가 포인트
K껍질 (1)
L껍질 (2)
M껍질 (3)
N껍질 (4)
가장 바깥 껍질을 채우고 있는 동안에는 원자가 전자 수가 증가
주족 원소
안쪽 껍질을 채우는 동안에는 원자가 전자 수는 변화하지 않는다.
전이 원소
원자가 전자는 원소의 성질 그 자체예요. 원자가 전자가 변화하기 어려운 전이 원소끼리는 전반적으로 비슷한 경향을 나타내요.

2 CHAPTER
6 SECTION

개성 만점인 주족 원소

주족 원소라 불리는 이유

원소는 주족 원소(전형 원소)와 전이 원소로 나눌 수 있는데요. 주기율표의 1, 2족, 12~18족을 주족 원소라 하고 그 밖의 원소를 전이 원소라고 해요. 단, 12족을 전이 원소로 보는 주장도 있어요.

일반적으로 주기율표에서 같은 족에 속하는 원소는 비슷한 성질을 가지는데, 주족 원소는 별칭 그대로 그 성질이 전형적으로 나타나요.

주족 원소의 특징은 다양성

주족 원소의 특징은 주기율표에서의 관계 이외에도 다양한 원소의 집합체라는 점에 있어요. 전이 원소와 비교하면 금방 알 수 있는데, 전이 원소는 모두 금속이며 상온에서 고체로 존재해요. 하지만 주족 원소는 금속도 있지만 비금속도 있고 상온에서 기체, 액체, 고체 등 다양한 상태의 원소가 섞여 있어요.

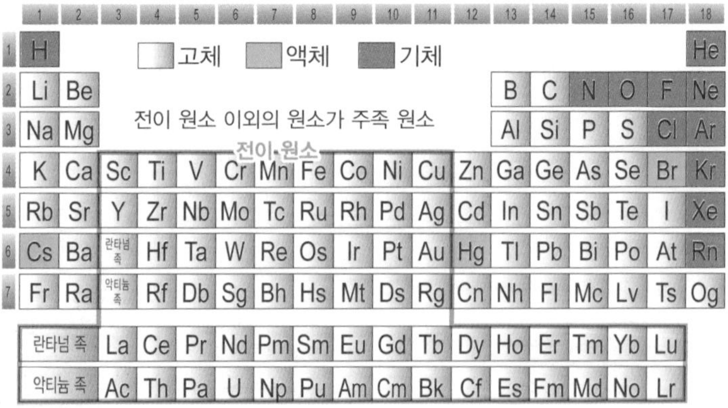

1족과 13족의 **주족 원소**인 포타슘 K(칼륨, 원자 번호 19)과 갈륨 Ga(원자 번호 31)의 전자를 그림에 넣어 보았어요. 가장 마지막 전자는 가장 바깥 껍질에 들어가고 원자가 전자를 확실하게 '1'만큼 늘리고 있어요.

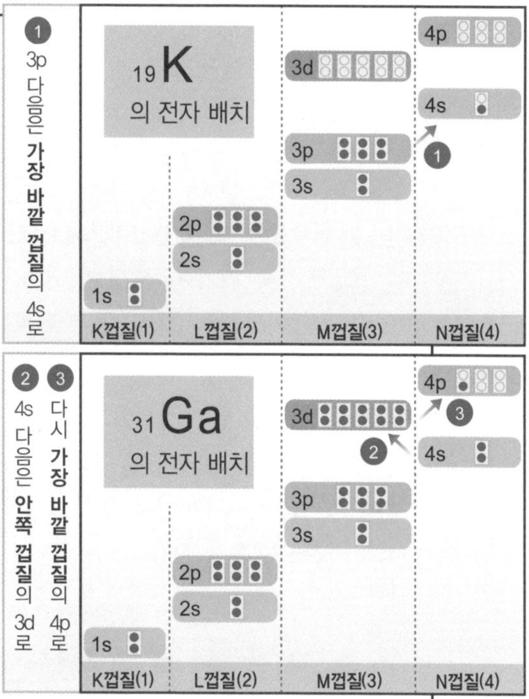

즉, 주족 원소가 주기율표의 **좌우**에 분포하는 이유는?

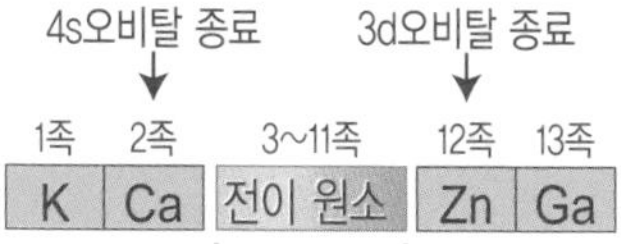

3d오비탈의 정원 10개를 채워 가는 도중의 원자 번호이기 때문에

제3주기 까지는 주족 원소밖에 존재하지 않는 이유는?

관여하는 것은 3p오비탈까지

॥

새로운 전자는 반드시 가장 바깥 껍질에 들어가기 때문에

2 CHAPTER 7 SECTION

오비탈 순서가 바뀌는 전이 원소

전이 원소는 d오비탈 혹은 f오비탈에 전자가 들어간다

전이 원소의 특징은 원자 번호가 커지면서 새롭게 늘어난 전자가 **d오비탈** 및 **f오비탈**로 들어간다는 거예요. 주족 원소에서는 **s오비탈** 및 **p오비탈**로 들어가요.

전자는 왜 d오비탈로 들어갈까요? 그 이유를 알기 위해서 먼저 d오비탈이 어디에 있는지를 알 필요가 있어요. 제1장 1-8에서 오비탈의 에너지 관계를 살펴보았을 때, s 〈 p 〈 d 순서로 높은 에너지를 나타냈어요. 하지만 이 순서는 원자 번호가 작을 경우에만 맞고, 원자 번호가 커지면 순서가 달라져요. 즉,

1s < 2s < 2p < 3s < 3p < 4s < 3d < 4p < 5s < 4d < 5p < 6s < 4f < 5d < …

1s	2s	2p	3s	3p	4s	3d	4p	5s	4d	5p	6s	4f	5d
K껍질	L껍질		M껍질		N껍질	M껍질	N껍질	O껍질	N껍질	O껍질	P껍질	N껍질	O껍질

이렇게 나타나요.

오비탈 순서가 변화한다

위의 순서에 따르면 M껍질의 3p오비탈이 모두 채워진 원자(원자 번호 18, 아르곤 Ar)의 다음 원자(원자 번호 19, 포타슘 K)에서, 전자는 같은 M껍질의 3d오비탈에 들어가기 전에 바깥쪽 N껍질에 있는 4s오비탈에 들어가 버려요. 그리고 4s오비탈이 다 채워지면(원자 번호 20, 칼슘 Ca), 다음 원자(원자 번호 21, 스칸듐 Sc)에서는 다시 안쪽 M껍질로 돌아가 3d오비탈로 들어가요.

d오비탈은 5세트가 있어서 10개의 전자를 수용할 수 있기 때문에, 아연(Zn)까지는 d오비탈에 전자가 계속 들어가고, 다음 원자인 갈륨(Ga)에서는 N껍질의 4p오비탈에 들어가는 거예요.

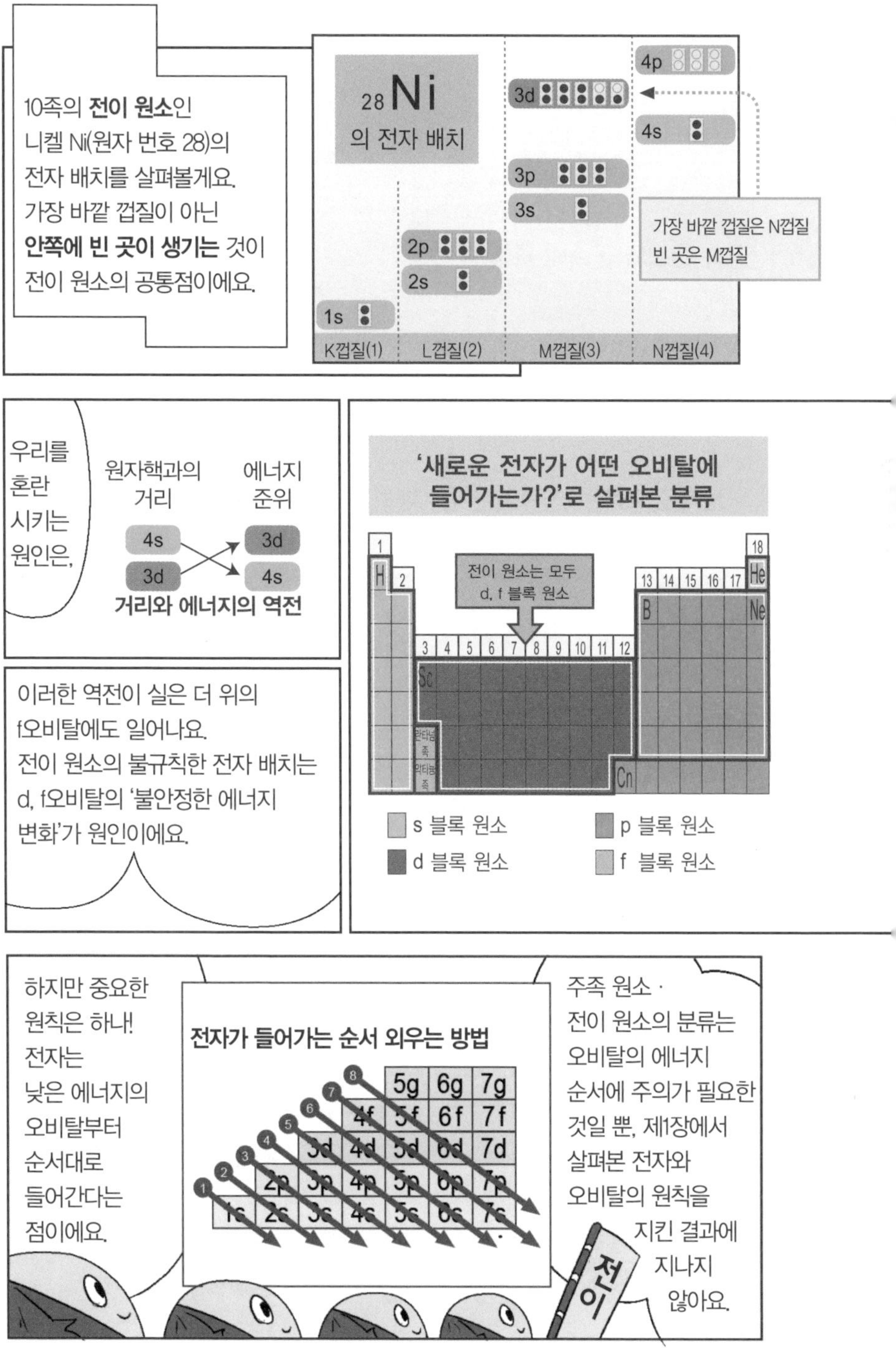

10족의 **전이 원소**인 니켈 Ni(원자 번호 28)의 전자 배치를 살펴볼게요. 가장 바깥 껍질이 아닌 **안쪽에 빈 곳이 생기는** 것이 전이 원소의 공통점이에요.
28 Ni 의 전자 배치
4p
3d
4s
3p
3s
2p
2s
1s
가장 바깥 껍질은 N껍질
빈 곳은 M껍질
K껍질(1)
L껍질(2)
M껍질(3)
N껍질(4)
우리를 혼란 시키는 원인은,
원자핵과의 거리
에너지 준위
4s
3d
3d
4s
거리와 에너지의 역전
이러한 역전이 실은 더 위의 f오비탈에도 일어나요. 전이 원소의 불규칙한 전자 배치는 d, f오비탈의 '불안정한 에너지 변화'가 원인이에요.
'새로운 전자가 어떤 오비탈에 들어가는가?'로 살펴본 분류
1
18
H
2
전이 원소는 모두 d, f 블록 원소
13
14
15
16
17
He
B
Ne
3
4
5
6
7
8
9
10
11
12
Sc
란타넘족
악티늄족
Cn
s 블록 원소
p 블록 원소
d 블록 원소
f 블록 원소
하지만 중요한 원칙은 하나! 전자는 낮은 에너지의 오비탈부터 순서대로 들어간다는 점이에요.
전자가 들어가는 순서 외우는 방법
5g 6g 7g
4f 5f 6f 7f
3d 4d 5d 6d 7d
2p 3p 4p 5p 6p 7p
1s 2s 3s 4s 5s 6s 7s
1
2
3
4
5
6
7
8
주족 원소 · 전이 원소의 분류는 오비탈의 에너지 순서에 주의가 필요한 것일 뿐, 제1장에서 살펴본 전자와 오비탈의 원칙을 지킨 결과에 지나지 않아요.
전이

2 CHAPTER
8 SECTION

금속 원소의 특징과 준금속 원소

금속 원소와 금속의 특징

현재 알려진 원소는 118종류이며, 지구상의 자연계에 존재하는 것은 약 90종류예요. 이 중에서 약 70종류는 금속 원소이므로, 금속 원소가 얼마나 많은지 알 수 있어요.

금속에는 다음과 같은 3가지 큰 특색이 있어요.

- **전기 전도성을 갖는다(전기를 통하는 성질).**
- **금속 광택을 갖는다(금, 은과 같은 특유의 광채).**
- **전성과 연성을 갖는다(전성은 금박처럼 얇게 펴지는 성질이며, 연성은 가늘고 길게 늘어나는 성질).**

준금속

금속 이외의 원소는 비금속인데, 원소 중에는 금속과 비금속의 중간 성질을 갖는 것이 있어요. 이를 **준금속**이라고 하며, **반도체**의 성질을 갖는 것도 있어요.

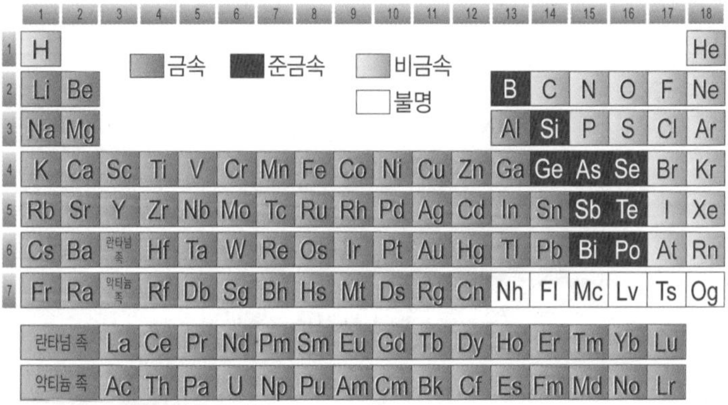

주족 원소 · 전이 원소에 이어 중요한 분류가 바로 금속 · 비금속 원소예요.
옷 바꿔 입고~
금속과 비금속 원소의 차이는 전기 음성도에 따른 경향의 차이예요.
원자가 전자를 끌어당겨 음이온이 되기 쉬운 성질일 때 전기 음성도가 크다고 했는데요 (2-3 참조). 이러한 경향이 뚜렷하게 나타나는 원소들의 위치는 비금속 원소와 겹쳐요. (왼쪽 페이지의 주기율표 참고)
1 2 13 14 15 16 17 18
전기 음성도의 경향
He
C 2.5 N 3.0 O 3.5 F 4.0 Ne —
Si 1.8 P 2.1 S 2.5 Cl 3.0 Ar —
Ge 1.8 As 2.0 Se 2.4 Br 2.8 Kr —
모두 오른쪽 위에 모여 있지요.
반대로 금속 원소는 전기 음성도가 작은 원소라고 할 수 있어요.
금속 원소 | 비금속 원소
전기 음성도가 작다. | 전기 음성도가 크다.
+이온이 된다 | −이온이 된다
전자를 방출하는 환원제※ | 전자를 받는 산화제※
※ 다음에 설명
전기 음성도의 상대적인 차이므로 금속과 비금속의 중간 정도인 준금속도 있어요.
+?
−?
주족 원소와 전이 원소의 분류는 전자 배치 그 자체가 기준이에요. 따라서 족에 따라 분류가 가능해요.
한편, 전기 음성도의 차이로 인해 같은 족의 원소라도 금속 · 비금속 · 준금속이 섞여 있는 거예요.
족 · 주기에 따라 정해지는 성질
주기율표 전체로 정해지는 성질

2 CHAPTER
9 SECTION

여러 가지의 분자 표시법

분자식과 구조식

원자끼리는 결합이 가능해요. 원자가 결합하여 만든 구조체를 일반적으로 **분자**라고 해요.

수소 분자(H_2), 산소 분자(O_2), 오존 분자(O_3), 물 분자(H_2O), 메테인 분자(CH_4) 등은 모두 분자예요. CH_4 등의 기호는 분자를 만드는 원자의 종류와 개수를 나타낸 것으로 **분자식**이라고 해요.

아래 그림에서 원자의 결합 순서를 나타낸 기호는 분자의 구조를 나타내므로 **구조식**이라고 불러요.

분자량

원자의 질량을 나타내는 지표로서 원자량이 있는 것처럼, 분자의 질량을 나타내는 지표로서 **분자량**이 있어요.

분자량은 그 분자를 구성하는 모든 원자의 원자량을 합친 거예요. 원자의 경우와 마찬가지로 아보가드로 수의 분자 집합체를 1몰이라고 해요. 따라서 1몰의 분자의 질량은 분자량(값)에 단위 그램(g)을 붙인 것이 돼요.

	물 분자	메테인 분자
분자식	H_2O	CH_4
구조식	H−O−H	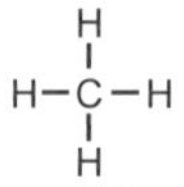
분자량	1×2 (수소의 원자량) + 16 (산소의 원자량) = 18	1×4 (수소의 원자량) + 12 (탄소의 원자량) = 16

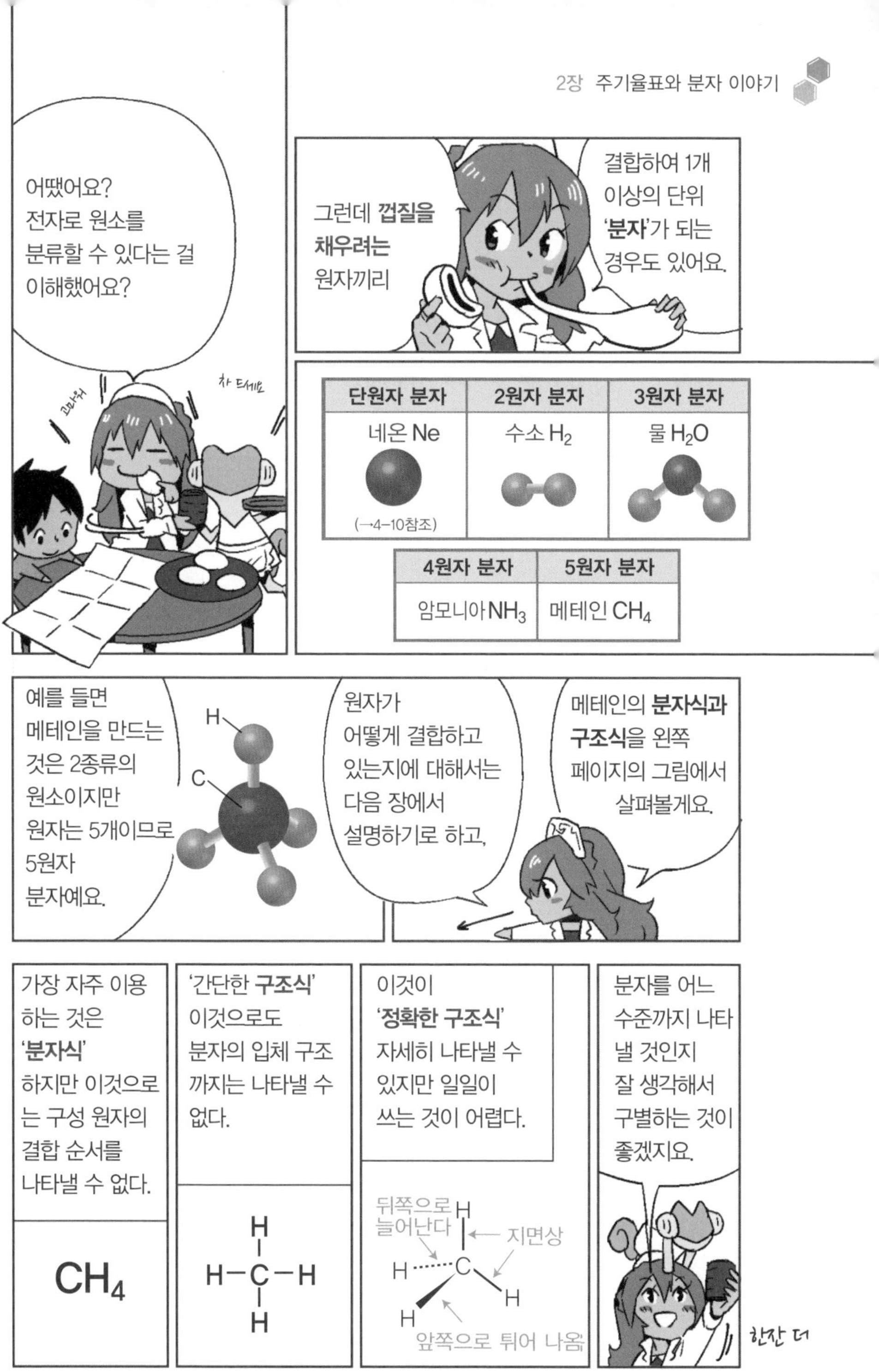
어땠어요? 전자로 원소를 분류할 수 있다는 걸 이해했어요?
차 드세요
그런데 껍질을 채우려는 원자끼리
결합하여 1개 이상의 단위 '분자'가 되는 경우도 있어요.
단원자 분자
네온 Ne
(→4-10참조)
2원자 분자
수소 H_2
3원자 분자
물 H_2O
4원자 분자
암모니아 NH_3
5원자 분자
메테인 CH_4
예를 들면 메테인을 만드는 것은 2종류의 원소이지만 원자는 5개이므로 5원자 분자예요.
H
C
원자가 어떻게 결합하고 있는지에 대해서는 다음 장에서 설명하기로 하고,
메테인의 분자식과 구조식을 왼쪽 페이지의 그림에서 살펴볼게요.
가장 자주 이용하는 것은 '분자식' 하지만 이것으로는 구성 원자의 결합 순서를 나타낼 수 없다.
CH_4
'간단한 구조식' 이것으로도 분자의 입체 구조까지는 나타낼 수 없다.
H
H—C—H
H
이것이 '정확한 구조식' 자세히 나타낼 수 있지만 일일이 쓰는 것이 어렵다.
뒤쪽으로 늘어난다
지면상
H
C
H
H
H
앞쪽으로 튀어 나옴
분자를 어느 수준까지 나타낼 것인지 잘 생각해서 구별하는 것이 좋겠지요.
한잔 더

분자와 화합물의 차이는 구성 요소의 종류에 있다.

화합물은 여러 종류의 원자로 이루어진 분자

분자 중에서 여러 종류의 원자로 이루어진 분자를 특히 **화합물**이라고 해요. 물 분자(H_2O)나 메테인 분자(CH_4) 등은 분자이면서 동시에 화합물이에요. 하지만 수소 분자(H_2), 산소 분자(O_2), 오존 분자(O_3) 등은 화합물이라고 하지 않아요.

또 헬륨(He) 및 아르곤(Ar) 등과 같이 원자 상태로 안정되어 존재하는 것을 **단원자 분자**라고 해요.

같은 종류의 원자로 이루어진 홑원소 물질

수소 분자, 산소 분자, 오존 분자처럼 같은 종류의 원자로 이루어진 분자를 **홑원소 물질**이라고 해요.

산소에는 산소 분자(O_2)와 오존 분자(O_3)라는 두 종류의 홑원소 물질이 있어요. 이처럼 같은 종류의 원자로 이루어진 홑원소 물질을 서로 **동소체**(allotrope)라고 해요. 탄소에는 그라파이트(흑연), 다이아몬드, 풀러렌(Fullerene, C_{60}) 등 많은 동소체가 있다고 알려져 있어요.

	그라파이트(흑연)	다이아몬드
동소체	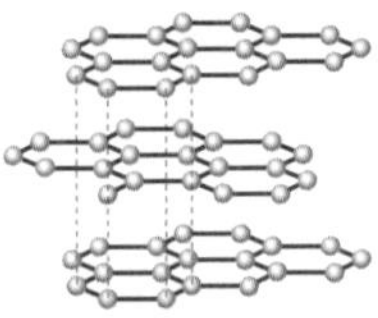	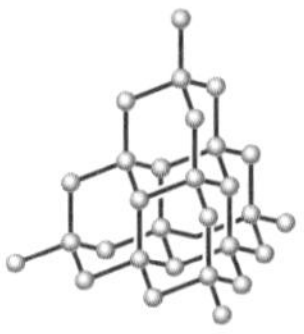
구조	평면 육각형 격자 구조의 결정이 층층이 쌓여 있다	정사면체 격자 구조로 균일하게 결합
특징	층과 층 사이가 간단하게 떨어진다	자연계에서 가장 경도가 세다

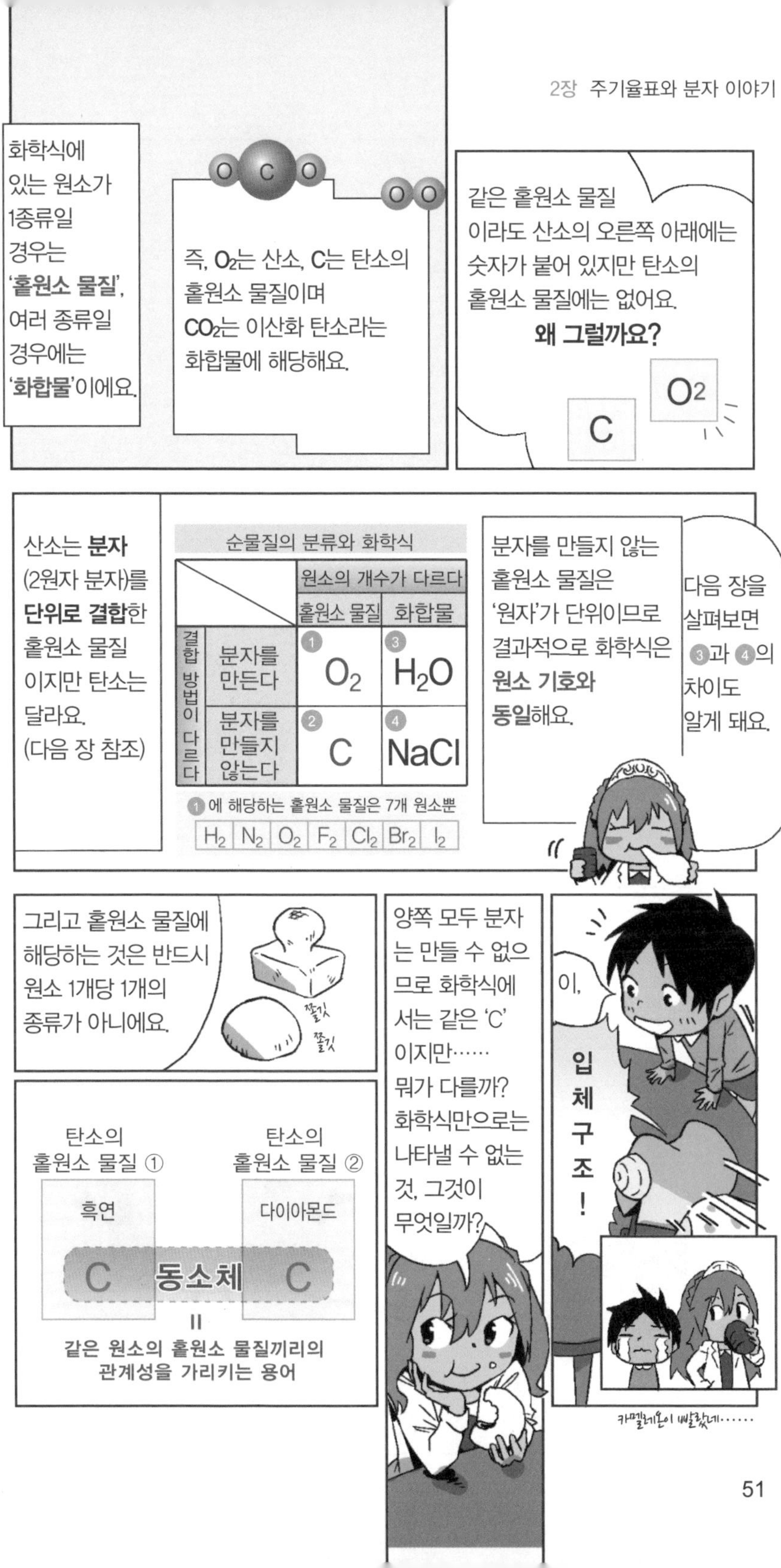
화학식에 있는 원소가 1종류일 경우는 '홑원소 물질', 여러 종류일 경우에는 '화합물'이에요.
O C O
O O
즉, O_2는 산소, C는 탄소의 홑원소 물질이며 CO_2는 이산화 탄소라는 화합물에 해당해요.
같은 홑원소 물질이라도 산소의 오른쪽 아래에는 숫자가 붙어 있지만 탄소의 홑원소 물질에는 없어요.
왜 그럴까요?
C
O2
산소는 분자(2원자 분자)를 단위로 결합한 홑원소 물질이지만 탄소는 달라요. (다음 장 참조)
순물질의 분류와 화학식
원소의 개수가 다르다
홑원소 물질
화합물
결합 방법이 다르다
분자를 만든다
① O_2
③ H_2O
분자를 만들지 않는다
② C
④ NaCl
① 에 해당하는 홑원소 물질은 7개 원소뿐
H_2 N_2 O_2 F_2 Cl_2 Br_2 I_2
분자를 만들지 않는 홑원소 물질은 '원자'가 단위이므로 결과적으로 화학식은 원소 기호와 동일해요.
다음 장을 살펴보면 ③과 ④의 차이도 알게 돼요.
그리고 홑원소 물질에 해당하는 것은 반드시 원소 1개당 1개의 종류가 아니에요.
쫄깃
쫄깃
탄소의 홑원소 물질 ①
흑연
탄소의 홑원소 물질 ②
다이아몬드
C 동소체 C
||
같은 원소의 홑원소 물질끼리의 관계성을 가리키는 용어
양쪽 모두 분자는 만들 수 없으므로 화학식에서는 같은 'C'이지만…… 뭐가 다를까? 화학식만으로는 나타낼 수 없는 것, 그것이 무엇일까?
이,
입체구조!
카멜레온이 빨랐네……

Column

인공 원소의 분류

지구상의 자연계에 존재하는 원소의 종류는 대략 원자 번호 92인 우라늄(U)까지예요. 그보다 원자 번호가 큰 원소의 대부분은 원자로 등을 이용하여 인공적으로 만든 것으로, 매우 불안정하고 그 중에는 1초의 몇 천분의 1이라는 짧은 수명을 갖는 것도 있어요. 또 몇 개밖에 만들 수 없는 것도 있어요.

이러한 원소의 성질을 측정하는 일은 거의 불가능하다고 해도 과언이 아니에요. 즉 기체인지, 액체인지, 고체인지 더 나아가 금속인지 아닌지 등을 확인하려고 해도 알 길이 없어요.

주기율표를 보면 원소는 주족 원소, 전이 원소, 금속 원소, 비금속 원소 등으로 분류되어 있어요. 인공 원소가 주족 원소인지 아니면 전이 원소인지는 전자 배치로 결정되기 때문에 분류에 어려움은 없어요. 하지만 성질에 따라 분류했을 때 예를 들어 금속인지, 비금속인지 등은 추정은 가능해도 단언할 수는 없어요. 확실한 답은 앞으로의 과제로 남겨둘게요.

제 3 장

무기 분자의 구조

원자는 서로 결합하여 분자를 만들어요. 다양한 분자가 여러 개 모인 것이 바로 우리가 일상에서 보고 만지는 물질이에요. 원자의 결합 방법에는 이온 결합, 금속 결합, 공유 결합 등 많은 종류가 있어요. 그리고 결합 종류에 따라서 분자의 성질이나 반응성도 달라져요. 화학의 본질은 결합에 있다고 해도 좋을 정도예요.

3 CHAPTER
1 SECTION

화학 결합은 원자 간에 작용하는 인력이다.

원자끼리의 결합은 다채롭다

여러 개의 원자가 모여서 만드는 구조체를 **분자**라고 했어요. 분자에서 원자 간에 작용하는 인력을 **화학 결합**, 혹은 간단하게 결합이라고 해요. 결합에는 아래 표와 같이 많은 종류가 있어요.

결합에는 원자 간에 작용하는 것 외에 분자 간에 작용하는 것도 있어요. 원자 간에 작용하는 결합에는 **이온 결합**, **금속 결합**, **공유 결합**, **배위 결합**이 있어요.

공유 결합은 대표적인 결합이며 거의 모든 유기 분자뿐만 아니라 많은 분자를 만들어요. 공유 결합에는 **단일 결합**, **이중 결합** 등이 있어요.

분자 역시 결합한다

분자 간에도 끌어당기는 인력이 작용해요. 단, 분자 간 인력은 원자 간에 작용하는 결합에 비해 약해서 이 인력을 '**분자간 힘**'이라고 해요. 분자간 힘에는 주로 물 분자 사이에 작용하는 **수소 결합** 그리고 모든 원자와 분자 사이에 작용하는 '**반데르발스 힘**(van der Waals force)' 등이 있어요.

	결합 종류		예
원자 간에 작용하는 결합	이온 결합		$Na^+ - Cl^-$
	금속 결합		Fe − Fe
	공유 결합	단일 결합	H − H
		이중 결합	O = O
		삼중 결합	N ≡ N
	배위 결합		$H_2O - H^+$
분자 간에 작용하는 결합	수소 결합		$H_2O \cdots H_2O$
	반데르발스 힘		$O_2 \cdots O_2$

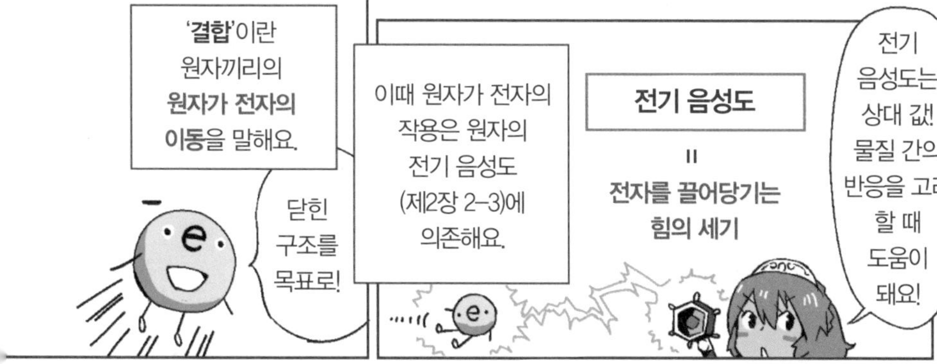

원자 간의 결합은 전기 음성도의 크고 작음으로 결정된다

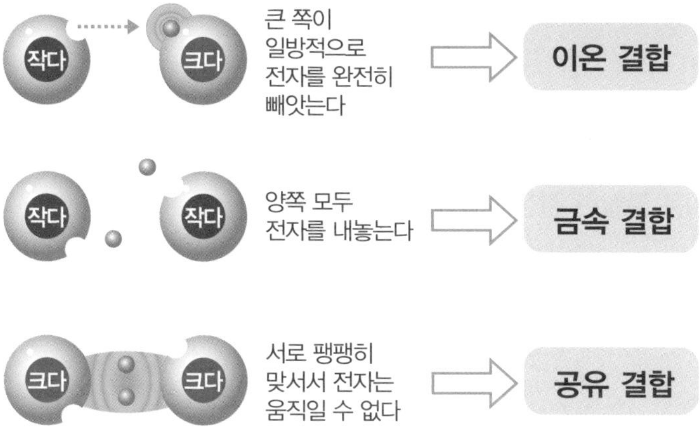

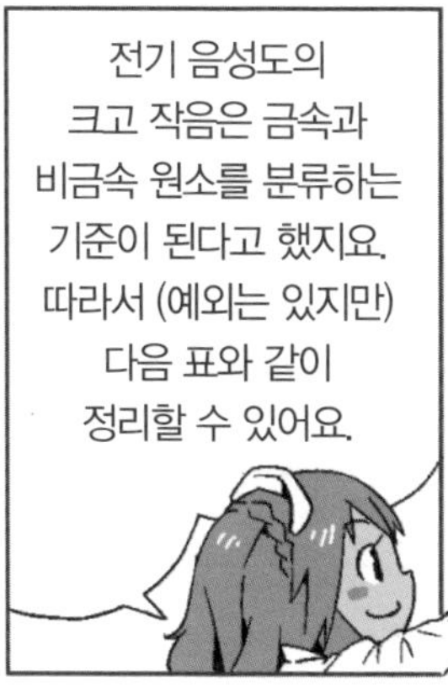

구성 원소와 결합의 종류

금속	×	비금속	⇨	이온 결합
금속	×	금속	⇨	금속 결합
비금속	×	비금속	⇨	공유 결합

이제
부터
차례
대로
소개
할게요!

3 CHAPTER 2 SECTION

양이온과 음이온이 정전기적 인력으로 결합하는 이온 결합

원자는 전자 이동으로 이온화한다

원자는 원자핵의 (+)전하와 전자 구름의 (−)전하가 균형을 이루고 있어서 전기적으로 중성이에요.

이처럼 원자 M에 전자가 1개 늘어나면 전자 구름의 전하가 1만큼 많아지고 원자는 −1로 하전돼요. 이것을 **음이온**이라고 하고 M^-로 표기해요. 반면에 전자가 1개 방출되면 원자핵의 (+)전하가 전자 구름의 (−)전하보다 1만큼 많아지므로 원자는 +1로 하전해요. 이것을 **양이온**이라고 하고 M^+라고 표기해요.

이온 결합한 결정은 입체 구조를 만든다

양이온과 음이온 사이에 작용하는 **정전기적 인력**을 **이온 결합**이라고 해요. 대표적인 것은 염화 소듐(나트륨) NaCl에서 소듐 이온 Na^+과 염화 이온 Cl^- 사이에 작용하는 결합이에요.

그림은 염화 소듐의 결정인데, Na^+는 주위의 6개의 Cl^-과 균일하게(1:1로 규칙적으로) 결합하고 있어요. NaCl이라는 2개의 이온으로 이루어진 '입자'는 존재하지 않는 것에 유의하세요.

$$Na - e^- \longrightarrow Na^+$$
$$Cl + e^- \longrightarrow Cl^-$$

Na^+ ······· Cl^-

이온 결합

이온 결정

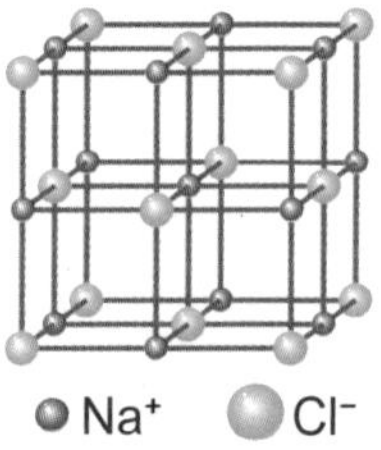

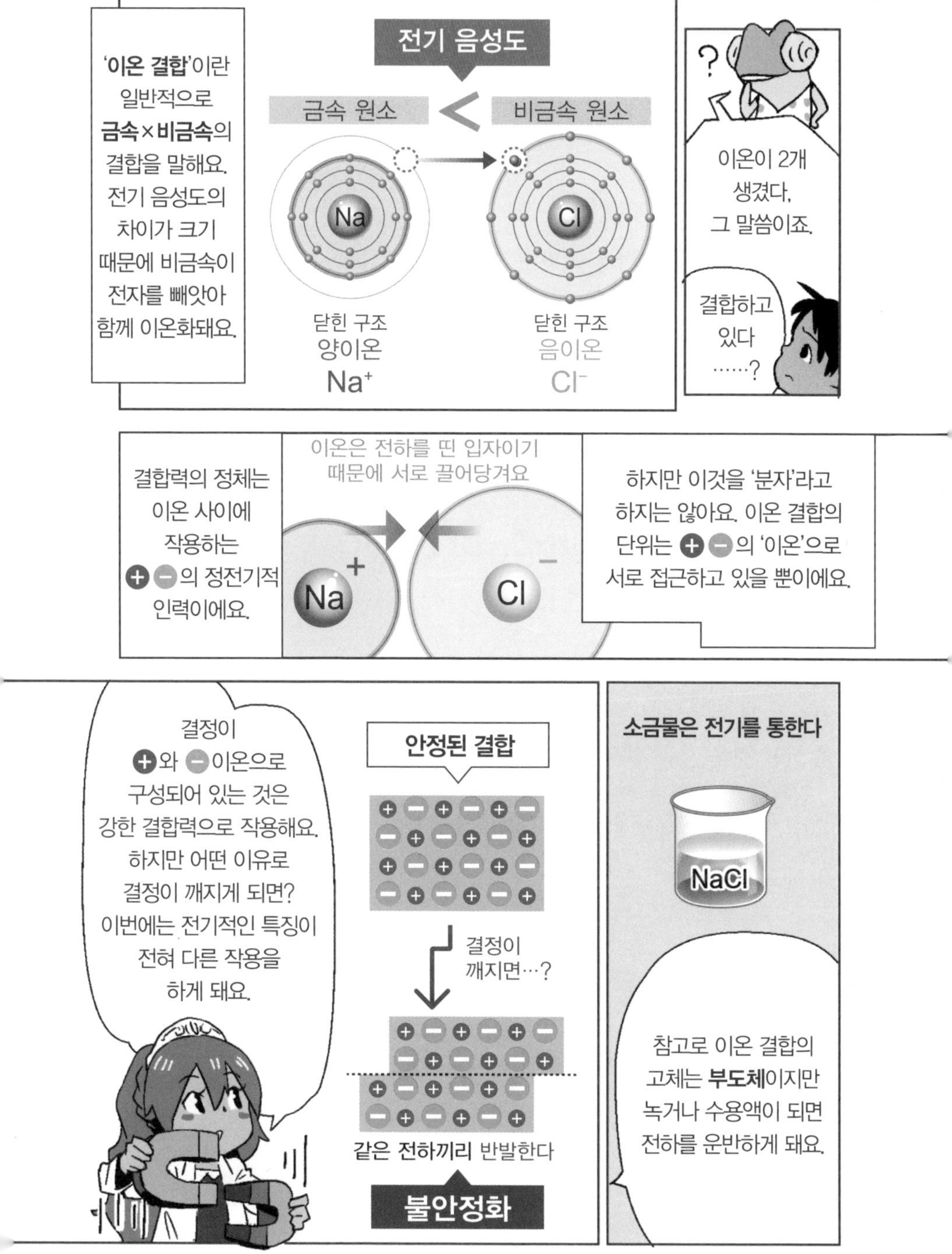
'이온 결합'이란 일반적으로 금속×비금속의 결합을 말해요. 전기 음성도의 차이가 크기 때문에 비금속이 전자를 빼앗아 함께 이온화돼요.
전기 음성도
금속 원소 < 비금속 원소
Na
Cl
닫힌 구조 양이온 Na⁺
닫힌 구조 음이온 Cl⁻
?
이온이 2개 생겼다, 그 말씀이죠.
결합하고 있다 ……?
결합력의 정체는 이온 사이에 작용하는 ⊕⊖의 정전기적 인력이에요.
이온은 전하를 띤 입자이기 때문에 서로 끌어당겨요
Na +
Cl −
하지만 이것을 '분자'라고 하지는 않아요. 이온 결합의 단위는 ⊕⊖의 '이온'으로 서로 접근하고 있을 뿐이에요.
결정이 ⊕와 ⊖이온으로 구성되어 있는 것은 강한 결합력으로 작용해요. 하지만 어떤 이유로 결정이 깨지게 되면? 이번에는 전기적인 특징이 전혀 다른 작용을 하게 돼요.
안정된 결합
결정이 깨지면…?
같은 전하끼리 반발한다
불안정화
소금물은 전기를 통한다
NaCl
참고로 이온 결합의 고체는 부도체이지만 녹거나 수용액이 되면 전하를 운반하게 돼요.

3 CHAPTER
3 SECTION

금속 이온이 자유 전자로 결합하는 금속 결합

방출된 자유 전자가 금속 이온의 '접착제' 역할을 한다

금속 원자 사이에 작용하는 인력을 **금속 결합**이라고 해요. 금속 결합한 금속 원자 M은 모든(n개) 원자가 전자를 방출하여 금속 이온 M^{n+}이 돼요. 이때 방출된 원자가 전자를 **자유 전자**라고 해요.

금속 결정에서 금속 이온은 3차원으로 규칙적으로 배열되어 있어요. 그리고 그 사이를 자유 전자가 채워요. 마치 빽빽이 쌓은 나무 공 사이에 목공용 본드를 채워 놓은 것과 같은 이미지예요. 다시 말해서 (+)로 하전된 금속 이온을 (−)로 하전된 전자 구름이 접착제가 되어 붙는 것과 같아요.

자유 전자의 역할

금속은 전기를 잘 통해요. 전류는 전자의 흐름이에요. 전자가 A→B로 이동할 때 전류는 B→A로 흐른다고 정의하고 있어요. 금속에서 전류 역할을 하는 것은 자유 전자예요.

금속은 부드럽고 큰 전성과 연성을 가지는데 이 역시 자유 전자 덕분이에요. 즉, 금속 이온 사이에 다량의 자유 전자 구름이 있어서 유연제 역할을 하고 있어요.

$$M \longrightarrow M^{n+} + ne^-$$

금속 원자 / 금속 이온 / 자유 전자

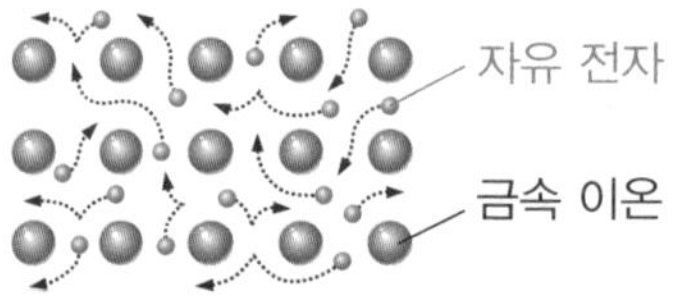

금속 결정

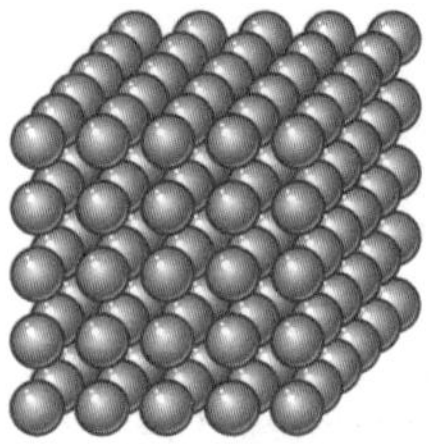

'**금속 결합**'이란 일반적으로 **금속 원소끼리**의 결합을 말해요.
서로 약한 힘으로 전자를 떼어내지만 강제로 가둘 수는 없어요.

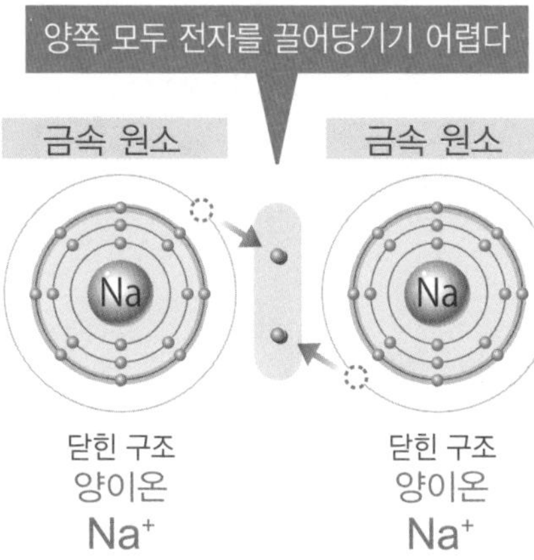

화학에서 중요한 것은 전자의 움직임이에요.
갇히지 않는 전자는 어디로 갈까요?

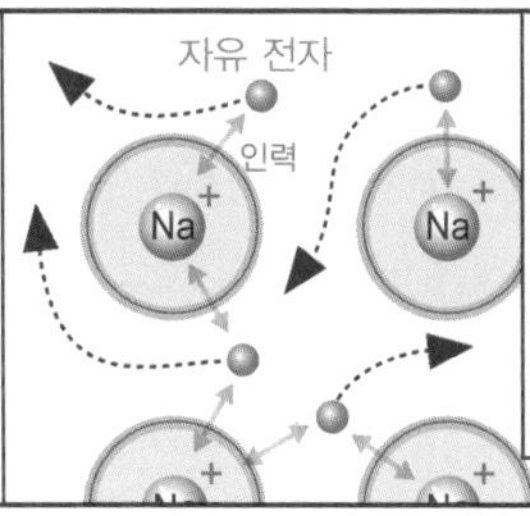

자유를 얻은 **자유 전자**는 이온 사이를 떠다니기 시작해요. 원래의 원자핵뿐만 아니라 결정 안의 **모든 원자핵**과 약한 인력을 작용시키면서 움직여요.

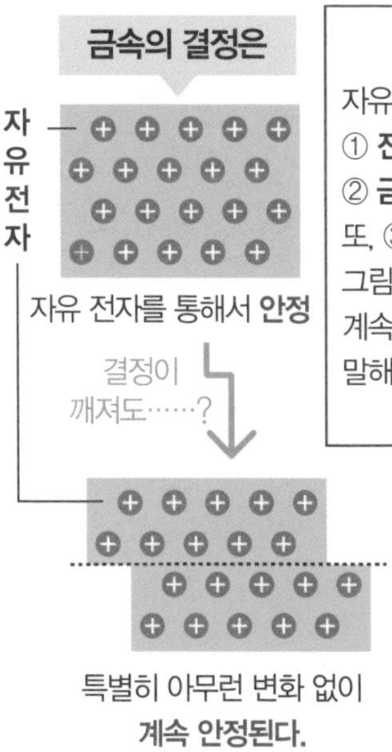

자유 전자는 움직이면서
① **전기 전도성** 및
② **금속 광택**을 만들어내요.
또, ③ **전성 · 연성**이란 왼쪽 그림처럼 변형 후에도 결합을 계속해서 유지하는 성질을 말해요.

⊕이온과 자유 전자에 의한 결정에서는 결합력은 강하지 않아요.
하지만 이온 결합처럼 전기적 반발로 결정이 깨질 염려는 없어요.

결합력의 세기

금속 결합 < 이온 결합

3 CHAPTER 4 SECTION

짝짓지 않은 전자(홀전자, unpaired electron)를 서로 주고 받는 공유 결합

전자를 공유하여 하나가 된다

공유 결합은 이름 그대로 결합하는 2개의 원자가 서로 전자를 공유하여 형성된 결합이에요.

아래 그림에서 수소 분자의 결합 상태를 가상 이미지로 나타냈어요. 2개의 수소 원자가 1개씩 1s오비탈의 전자를 서로 내어 놓으면서 **결합 전자**를 공유해요. 그 결과 2개의 (+)로 하전된 원자핵 사이에 2개의 (−)로 하전된 전자로 이루어진 전자 구름이 존재하게 돼요. (+), (−) 전하 사이에는 정전기적 인력이 작용하기 때문에 원자핵은 결합 전자를 접착제로 해서 결합할 수 있는 거예요.

공유 결합은 짝짓지 않은 전자의 수만큼 결합한다

공유 결합에서 중요한 것은 결합 수와 결합 사이의 각도(결합 각)가 정해져 있다는 점이에요. 공유 결합에서 결합 전자가 될 수 있는 전자는 1개의 오비탈에 1개만 들어간 전자(**짝짓지 않은 전자**)에 한정돼요. 제1장 1−9에서 전자 배치를 보면 이와 같은 전자를 수소는 1개, 산소는 2개, 질소는 3개를 갖는 것을 알 수 있어요. 결과적으로 수소, 산소, 질소는 각각 1개, 2개, 3개의 공유 결합을 할 수 있어요.

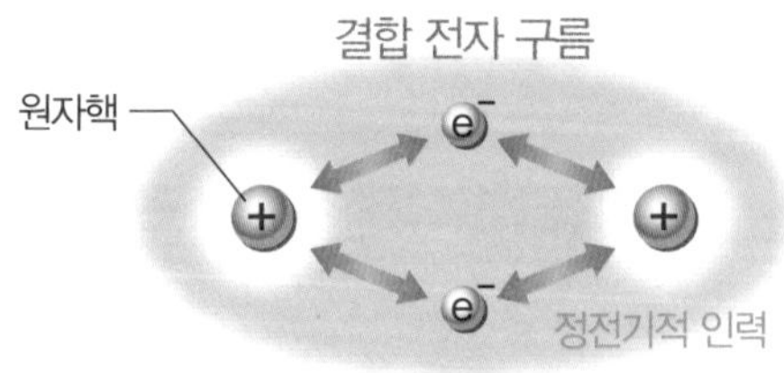

원자	결합 수
수소 H	1
산소 O	2
질소 N	3
플루오린 F	1

여기서 잠깐 오비탈에 대해서 복습할게요. (제1장 참조)

오비탈의 정원은 '2' – 만일 자리가 다 차면, 짝을 이루는 상태가 돼요.

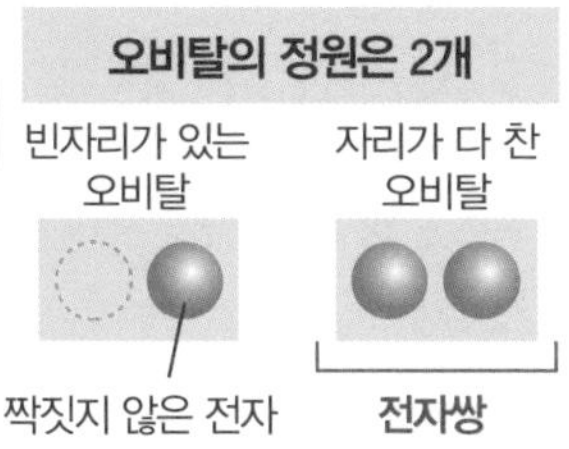

즉 모든 오비탈이 전자쌍이 된 상태를 **닫힌 구조**라고 해요.

닫혀 있지 않은 원자의 가장 바깥 껍질

거꾸로 말하면 닫혀 있지 않은 원자에는 반드시 **짝짓지 않은 전자**가 있다는 것.

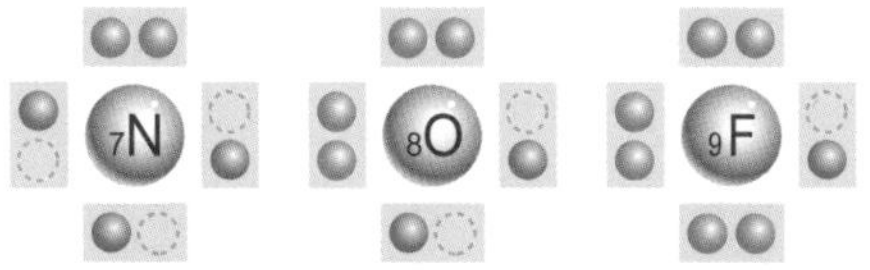

질소	산소	플루오린
원자가 전자 5개 중 짝짓지 않은 전자 3개	원자가 전자 6개 중 짝짓지 않은 전자 2개	원자가 전자 7개 중 짝짓지 않은 전자 1개

※ 전자는 각 오비탈에 1개씩 들어간 다음 짝을 이룬다. (제1장 1–9 참조)

'공유 결합'이란 서로 **짝짓지 않은 전자**를 공유하여 전자쌍을 만들고, 새로운 오비탈을 편성 · 공유하는 결합을 말해요.

때문에 **짝짓지** 않은 전자 수 = 공유 결합에 사용할 수 있는 **결합손의 수**

오비탈을 공유
- 서로 전자를 강하게 끌어당긴다.
- 방출된 전자는 원자들 사이에 갇힌다.

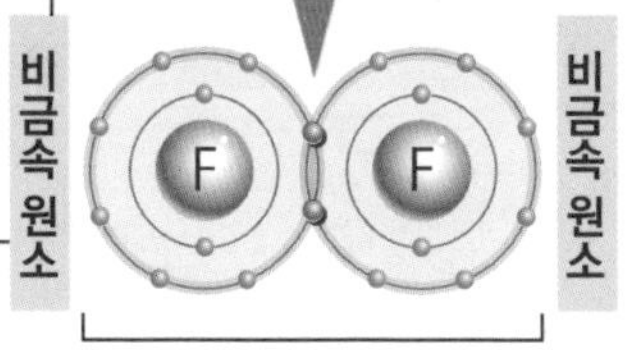

닫힌 구조가 된 2원자 분자 F_2
(전기적으로 중성)

결합력의 세기

금속 결합 < 이온 결합 < 공유 결합

오비탈을 공유한 원자들은 마치 한 몸과 같아요. **'분자'**라고 부르는 단위예요. 분자를 만드는 것은 이온 결합도 금속 결합도 아닌 공유 결합뿐이에요! 매우 중요하니 꼭 기억하세요!

단일 결합(시그마 결합)과 이중 결합(파이 결합)은 악수하는 것과 비슷하다.

짝짓지 않은 전자로 악수한다

공유 결합은 원자끼리 악수하는 것에 비유해요. 3-4에서 살펴본 짝짓지 않은 전자는 악수하는 손과 같아요.

수소 원자의 손은 1개예요. 그래서 수소 원자는 서로 한 손으로 악수를 해요. **단일 결합**이라고 하며 수소 분자가 해당돼요.

반면에 산소 원자의 손은 2개예요. 때문에 수소 원자와는 2개와 악수를 할 수 있어요. 이것이 바로 물 분자의 결합 상태예요.

이중, 삼중 결합은 손의 수만 늘어난 것

산소 원자끼리 결합할 때는 서로 2개의 손을 내밀어 각각 악수를 해요. 이것이 **이중 결합**이에요. 마찬가지로 질소 원자는 3개씩 손을 내밀어 3개의 악수를 해요. 이것이 **삼중 결합**이에요.

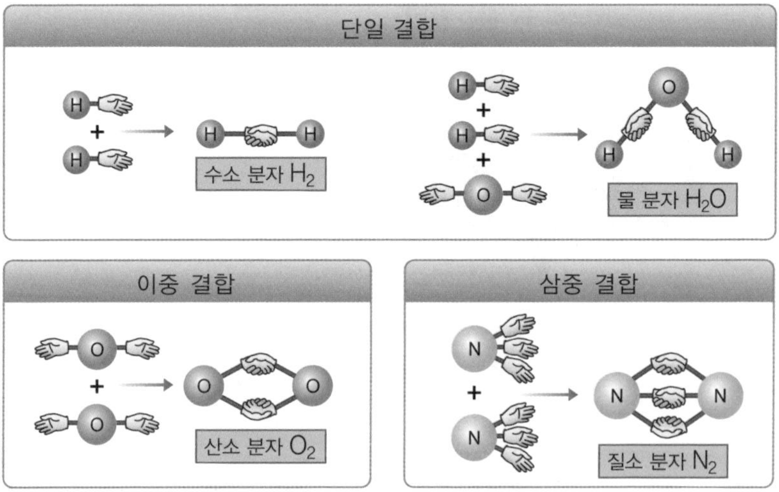

원자가 갖는 '결합손의 수'를 알면 분자 안에서의 결합 순서도 알 수 있어요.
H
O
N
예를 들면 물의 화학식을 알고 있더라도 구조식은 결합손의 수를 알지 못하면 그릴 수가 없기 때문이죠.
H_2O
O–H–H ✕
H–O–H ○
쓰고- 쓰고-
공유 결합에서 중요한 규칙은 '결합손을 절대로 남기지 않고 결합한다'예요.
이 규칙만 지키면 1개씩 다른 원자에 나누어 사용하거나 모든 결합손을 같은 원자에 사용해도 OK예요.
O
H H
O O
2중, 3중 결합은 차례로 결합 거리가 가까워져서 결합력이 세져요.
쓰고- 쓰고- 또 쓰고-
참고로 3–4에서 말한 F_2 분자를 구조식과 루이스 전자점식(원자가 전자를 ●로 쓴 것)으로 나타내면 다음과 같아요. '공유 전자쌍', '비공유 전자쌍'은 중요한 용어니까 꼭 외워 두세요.
F_2 전자점식
:F:F:
원소 기호의 주위에 있는 전자는 반드시 8개(수소는 2개)이다.
공유 전자쌍
짝짓지 않은 전자를 서로 공유하여 만든 전자쌍
비공유 전자쌍
처음부터 쌍으로 있고 공유 결합에는 관계하지 않는 전자쌍
F_2 구조식
F—F
결합을 나타내는 직선 1개는 공유 전자쌍을 의미한다(전자 2개).
프린세스 샘! 오빠가 과부하 걸렸어요!
끙…… 끙……
다른 손도 잡아 주세요!

3 CHAPTER 6 SECTION

탄소는 짝짓지 않은 전자를 늘리려고 혼성 오비탈을 만든다.

탄소의 결합손은 왜 4개일까?

전자 배치에 의하면 탄소의 짝짓지 않은 전자는 2개예요. 하지만 탄소는 4개의 공유 결합을 만들 수 있어요. 왜일까요?

해답의 열쇠는 **혼성 오비탈**에 있어요. 혼성 오비탈은 원래 원자가 가지고 있는 오비탈을 재편성해서 만든 새로운 오비탈을 말해요. 탄소의 1개의 2s오비탈과 3개의 2p오비탈을 혼성하여 4개의 sp^3혼성 오비탈을 만들어요. 그리고 이 혼성 오비탈에 4개의 L껍질 전자를 1개씩 넣어요. 이렇게 하면 탄소는 4개의 짝짓지 않은 전자를 갖게 되어 4개의 공유 결합을 만들 수 있게 돼요.

혼성 오비탈로 안정된 정사면체를 만든다

4개의 혼성 오비탈이 있을 경우 오비탈은 전자끼리의 반발력에 의해서 원자핵에서 서로 109.5도의 각도를 가지고 정사면체의 정점 방향을 향하도록 배치돼요. 메테인(CH_4)에서는 4개의 수소 원자가 4개의 혼성 오비탈에 결합해요. 그 결과 메테인은 해안가에 있는 테트라포드(Tetrapod)와 같은 형태가 돼요.

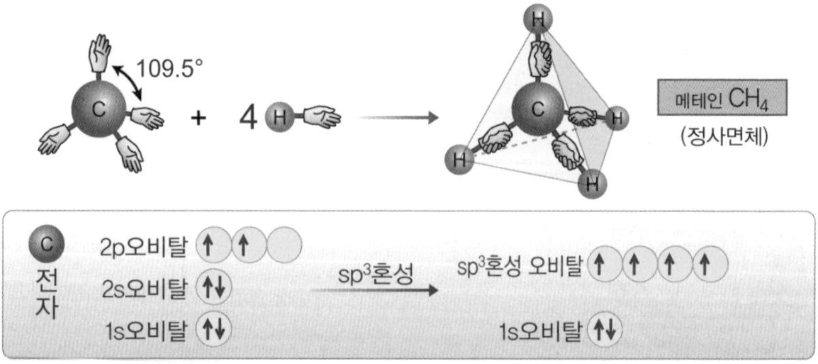

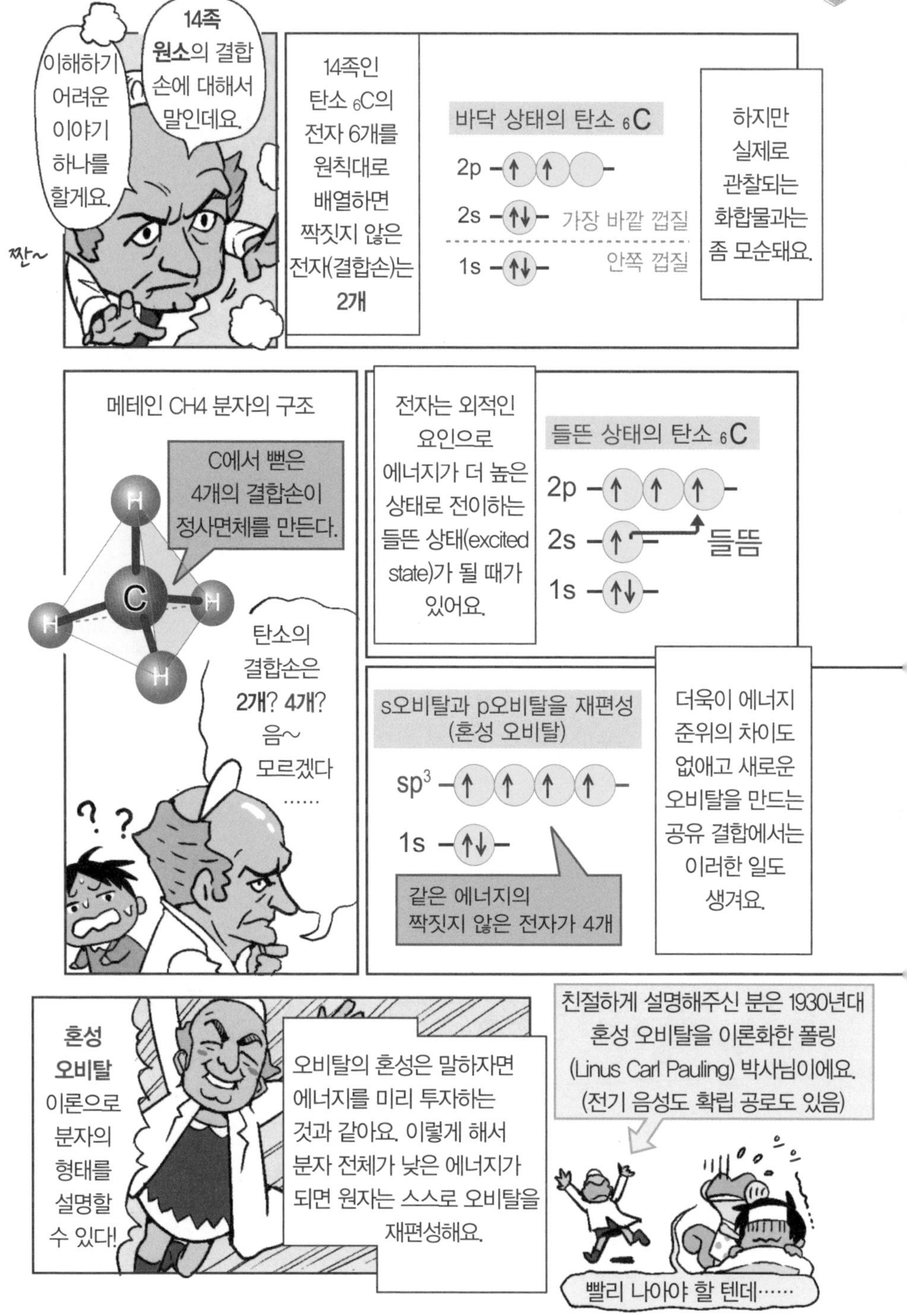
이해하기 어려운 이야기 하나를 할게요.
14족 원소의 결합손에 대해서 말인데요.
짠~
14족인 탄소 6C의 전자 6개를 원칙대로 배열하면 짝짓지 않은 전자(결합손)는 2개
바닥 상태의 탄소 6C
2p
2s
1s
가장 바깥 껍질
안쪽 껍질
하지만 실제로 관찰되는 화합물과는 좀 모순돼요.
메테인 CH4 분자의 구조
C에서 뻗은 4개의 결합손이 정사면체를 만든다.
C
H
탄소의 결합손은 2개? 4개? 음~ 모르겠다 ……
? ?
전자는 외적인 요인으로 에너지가 더 높은 상태로 전이하는 들뜬 상태(excited state)가 될 때가 있어요.
들뜬 상태의 탄소 6C
2p
2s
1s
들뜸
s오비탈과 p오비탈을 재편성 (혼성 오비탈)
sp3
1s
같은 에너지의 짝짓지 않은 전자가 4개
더욱이 에너지 준위의 차이도 없애고 새로운 오비탈을 만드는 공유 결합에서는 이러한 일도 생겨요.
혼성 오비탈 이론으로 분자의 형태를 설명할 수 있다!
오비탈의 혼성은 말하자면 에너지를 미리 투자하는 것과 같아요. 이렇게 해서 분자 전체가 낮은 에너지가 되면 원자는 스스로 오비탈을 재편성해요.
친절하게 설명해주신 분은 1930년대 혼성 오비탈을 이론화한 폴링 (Linus Carl Pauling) 박사님이에요. (전기 음성도 확립 공로도 있음)
빨리 나아야 할 텐데……

3 CHAPTER 7 SECTION

비공유 전자쌍은 분자의 입체 구조에 영향을 준다.

질소의 혼성 오비탈

암모니아(NH_3)의 질소 원자는 sp^3혼성 오비탈을 형성하고 있어요. 질소의 L껍질 전자는 5개이므로 이것을 4개의 혼성 오비탈에 넣으려고 하면, 혼성 오비탈 1개에는 2개의 전자가 들어가고 공유 결합할 수 없는 **비공유 전자쌍**이 되어 버려요.

공유 결합을 만들 수 있는 전자는 짝짓지 않은 전자(홀전자)뿐이므로, 질소 원자가 갖는 짝짓지 않은 전자는 3개가 되어, 질소 원자는 3개의 공유 결합밖에 할 수 없게 돼요.

암모니아 결합 상태가 분자의 입체 구조를 결정한다

아래 그림은 암모니아의 결합 상태예요. 정사면체와 같은 4개의 sp^3혼성 오비탈 중에서 3개만 수소와 결합하고 있어요. 남은 1개의 혼성 오비탈에는 비공유 전자쌍이 들어 있어요.

분자의 형태는 원자를 선으로 결합한 것을 기준으로 삼고 전자 구름의 형태는 고려하지 않아요. 그 결과 암모니아 분자의 형태는 정사면체가 아닌 삼각뿔이 돼요.

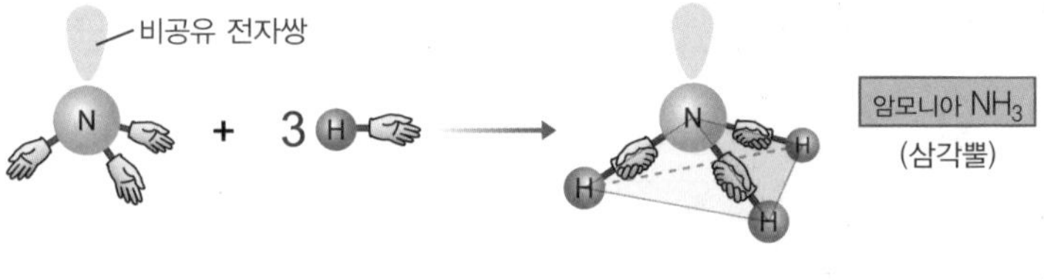

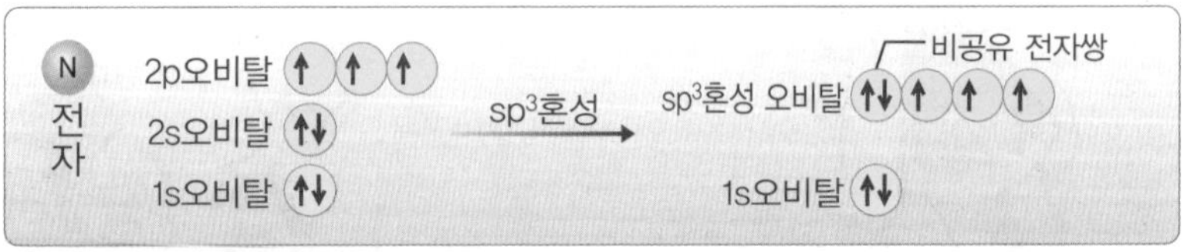

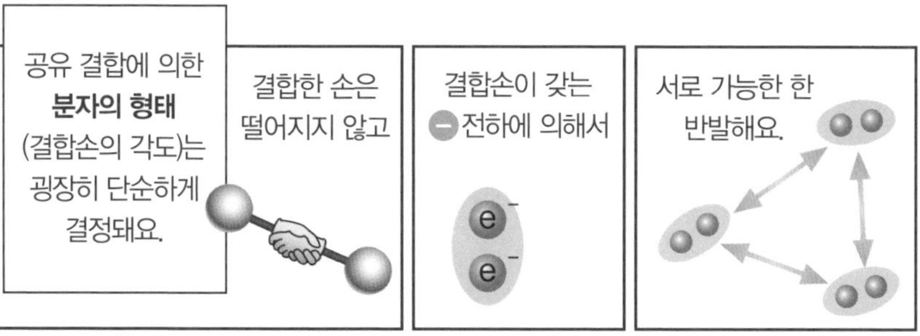

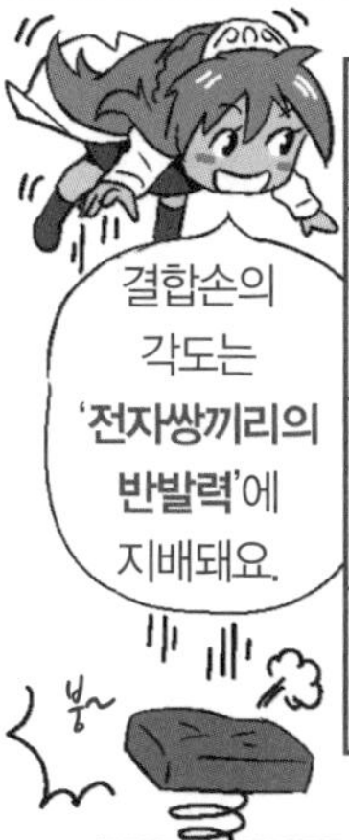

예	루이스 전자점식	중심 원자가 갖는 전자쌍의 방향 (비공유 전자쌍 및 이중 · 삼중 결합도 하나의 방향으로 취급)	입체 구조
CH_4 메테인	H:C:H (위아래 H)	4방향 (으로 반발)	정사면체 (입체 상태)
BF_3 ※ 삼불화 붕소	F:B:F (위 F)	3방향 (으로 반발)	정삼각형 (평면 상태)
CO_2 이산화 탄소	O::C::O	2방향 (으로 반발)	직선 (평면 상태)

※ 삼불화 붕소 BF_3는 예외적으로 비활성 기체형의 전자 배치(가장 바깥 껍질에 8개의 전자를 갖는 구조)를 취하지 않는 물질

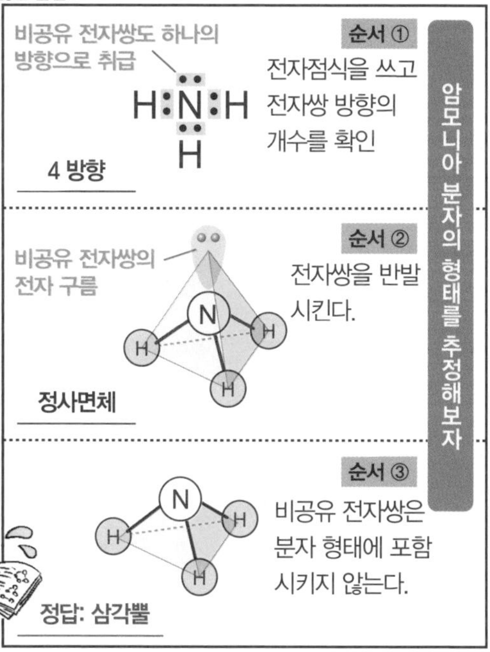

3 CHAPTER
8 SECTION

물 분자는 산소의 혼성 오비탈 때문에 굽은 형이 된다.

산소의 혼성 오비탈

물(H_2O)의 산소 원자도 sp^3혼성 오비탈로 되어 있어요. 산소의 L껍질 전자는 6개이기 때문에 이것을 4개의 혼성 오비탈에 넣으려고 하면, 혼성 오비탈 2개에 2개씩 전자가 들어가서 비공유 전자쌍이 돼요.

그 결과 산소의 공유 결합을 만드는 혼성 오비탈은 2개가 되고 산소 원자는 2개의 공유 결합만 할 수 있게 돼요.

물의 결합 상태

물의 결합 상태는 아래 그림에 나타낸 것과 같아요. 정사면체 형태로 배열하는 4개의 sp^3혼성 오비탈 중에서 2개만 수소와 결합해요. 남은 2개의 혼성 오비탈에는 비공유 전자쌍이 들어가요.

그 결과 물 분자의 형태는 '굽은 형' 구조가 돼요. 이론상 혼성 오비탈의 각도는 109.5°이지만, 실측했을 때 물 분자의 결합각은 104.5°가 돼요.

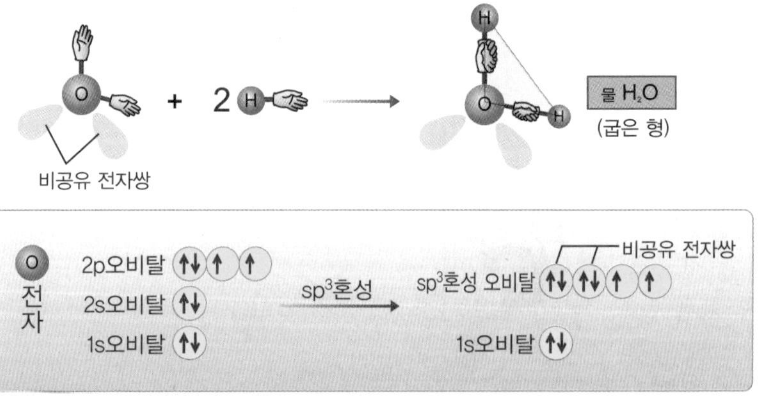

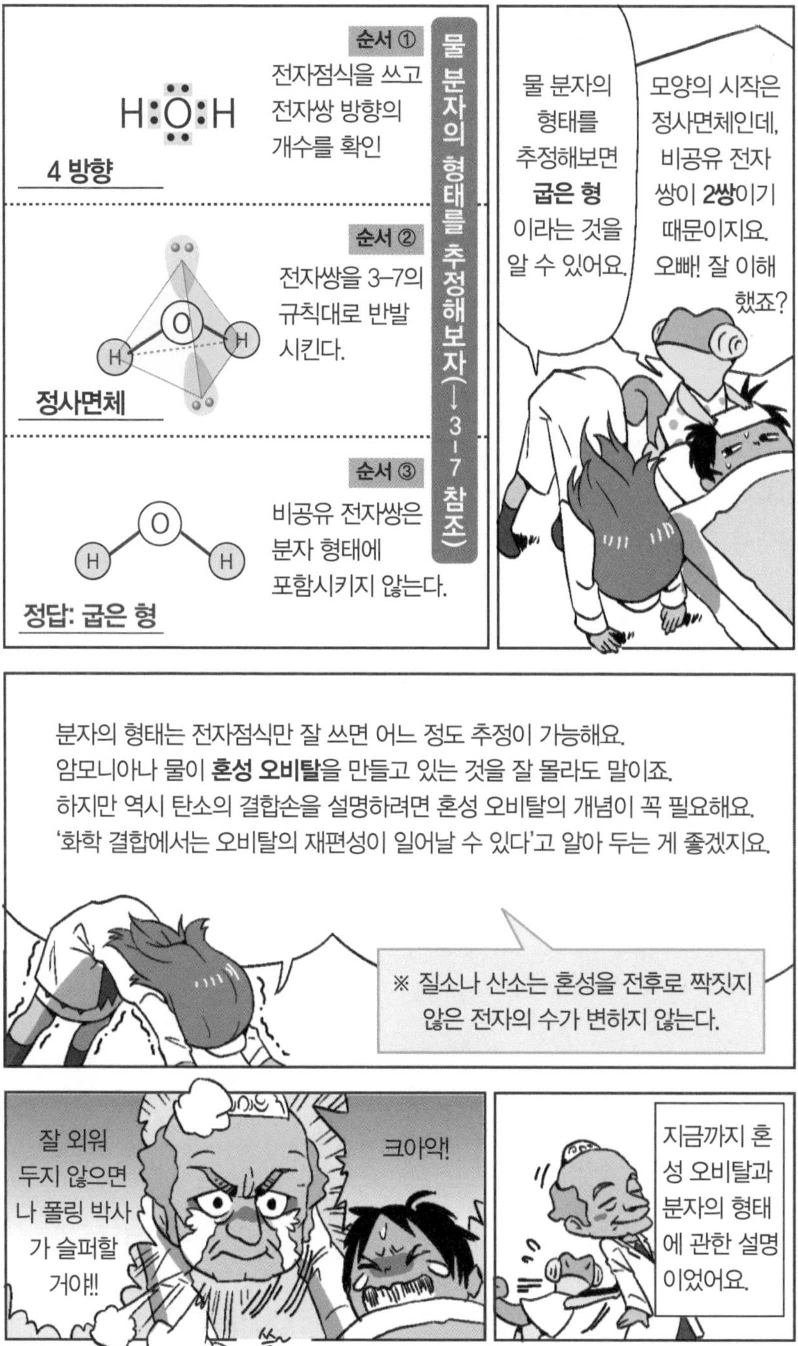
물 분자의 형태를 추정해보자(↓3-7 참조)
순서 ①
전자점식을 쓰고 전자쌍 방향의 개수를 확인
H:Ö:H
4 방향
순서 ②
전자쌍을 3-7의 규칙대로 반발시킨다.
정사면체
순서 ③
비공유 전자쌍은 분자 형태에 포함시키지 않는다.
정답: 굽은 형
물 분자의 형태를 추정해보면 **굽은 형**이라는 것을 알 수 있어요.
모양의 시작은 정사면체인데, 비공유 전자쌍이 **2쌍**이기 때문이지요. 오빠! 잘 이해했죠?
분자의 형태는 전자점식만 잘 쓰면 어느 정도 추정이 가능해요.
암모니아나 물이 **혼성 오비탈**을 만들고 있는 것을 잘 몰라도 말이죠.
하지만 역시 탄소의 결합손을 설명하려면 혼성 오비탈의 개념이 꼭 필요해요.
'화학 결합에서는 오비탈의 재편성이 일어날 수 있다'고 알아 두는 게 좋겠지요.
※ 질소나 산소는 혼성을 전후로 짝짓지 않은 전자의 수가 변하지 않는다.
잘 외워 두지 않으면 나 폴링 박사가 슬퍼할 거야!!
크아악!
쓱~
지금까지 혼성 오비탈과 분자의 형태에 관한 설명이었어요.

3 CHAPTER 9 SECTION

극성 분자의 비공유 전자쌍이 배위 결합을 만든다.

암모늄 이온의 특수한 결합

암모니아(NH_3)와 수소 이온 H^+이 결합하여 생긴 이온 NH_4^+을 암모늄 이온이라고 해요.

암모니아와 결합하는 수소 이온은 암모니아의 비공유 전자쌍과 결합해요. 그러면 질소 원자와 수소 원자 사이에 비공유 전자쌍의 2개의 전자가 존재하게 돼요. 이는 2개의 원자 사이에 2개의 전자가 존재하는 것과 같은 형태가 되며, NH_3와 H^+ 사이에 공유 결합이 생긴 것을 의미해요.

배위 결합과 공유 결합과의 차이

암모늄 이온에 새롭게 형성된 **N–H 결합**을 한번 살펴볼게요. 이 결합을 구성하는 2개의 결합 전자는 원래 2개 모두 질소 원자의 것이에요. 이것은 2개의 원자가 '전자를 서로 내놓는' 공유 결합의 정의에는 맞지 않아요. 그래서 이러한 결합을 **배위 결합**이라고 해요(제5장 5-1 만화 참조).

그러나 결합을 구성하는 전자는 공유 결합의 전자와 완전히 똑같아요. 때문에 배위 결합은 결합 전자의 유래가 공유 결합과 다를 뿐 일단 만들어지면 공유 결합과 같아요. 실제로 암모늄 이온의 4개의 N–H 결합은 똑같아요.

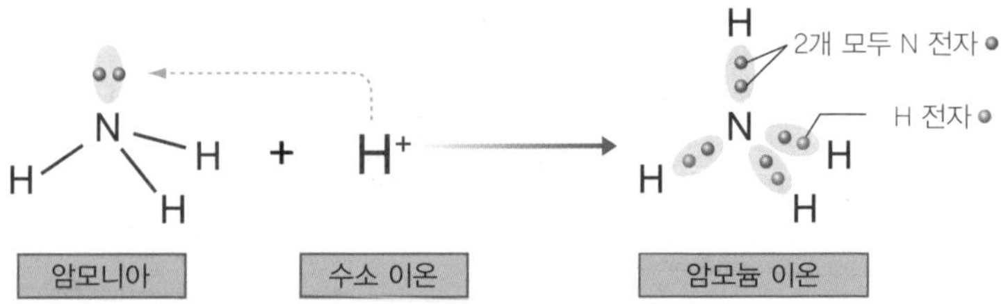

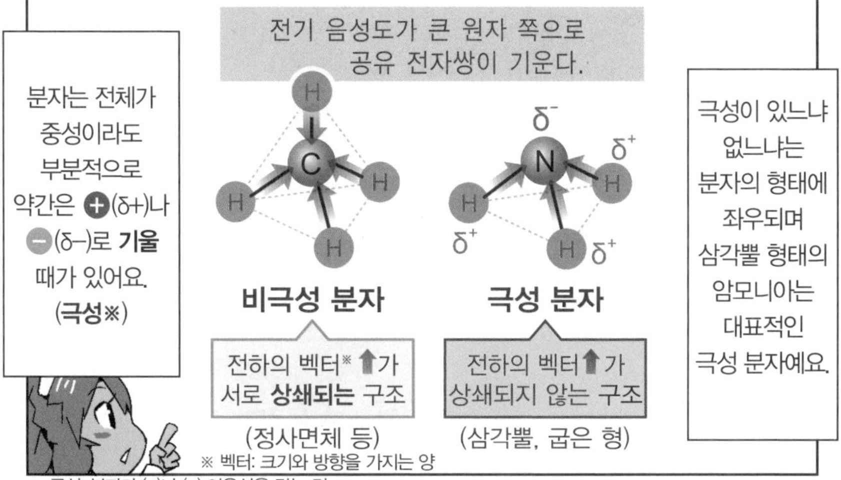

※ 극성: 분자가 (+)나 (–) 이온성을 갖는 것

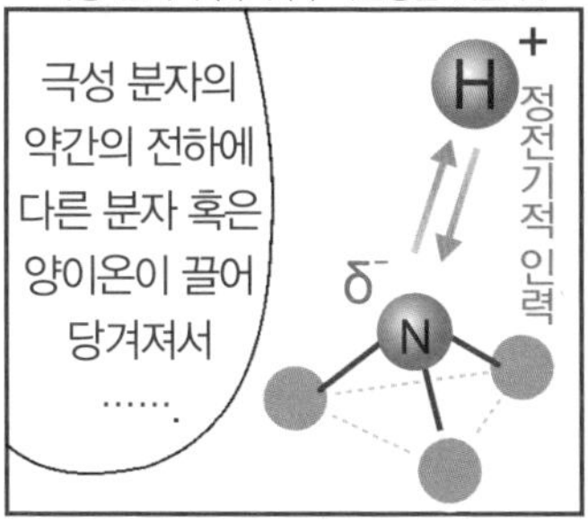

'**배위 결합**'이란 공유 전자쌍의 전자를 **한쪽 원자**에게만 제공하는 특수한 공유 결합을 말해요.

극성 분자 중에서 **비공유 전자쌍** (3–5 참조)이 남아 있으면 이것을 이용하여 결합이 가능해져요.

덧붙이자면 배위 결합에 의한 분자나 이온에는 원래의 물질로 돌아가려는 '역반응'을 일으키기 쉬운 경향이 있어요.

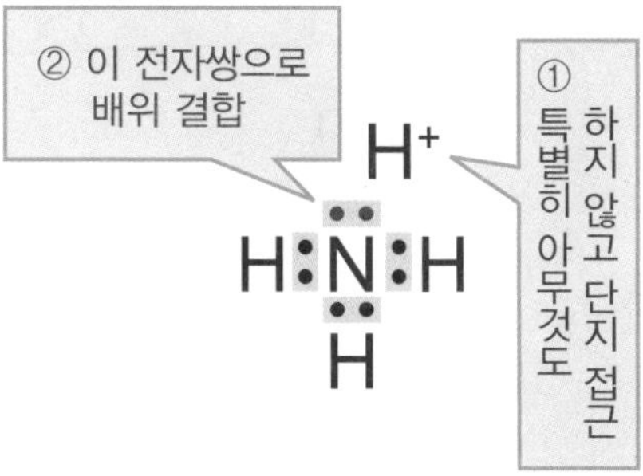

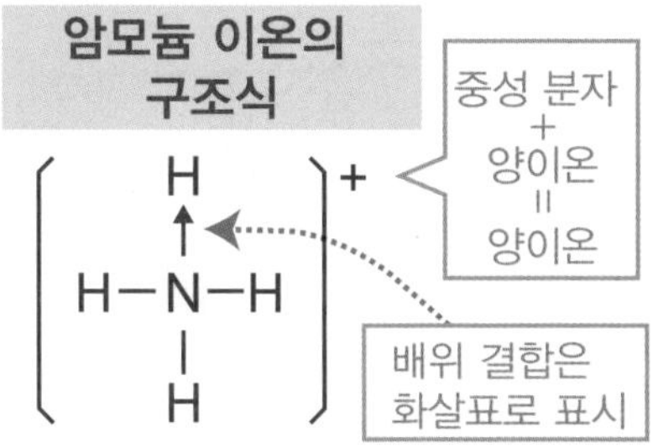

3 CHAPTER 10 SECTION

물은 수소 결합으로 느슨하게 결합해 있다.

분극되어 있는 물 분자

수소의 전기 음성도는 2.1이고 산소는 3.5예요. 이러한 차이로 물 분자의 **O–H 결합**은 산소가 (−)전하로, 수소가 (+)전하로 분극되어 있어요.

그 결과 서로 가까이 있던 물 분자의 산소 원자와 수소 원자 사이에는 정적기적 인력이 생겨요. 이와 같은 인력을 **수소 결합**이라고 해요. 일반적으로 전기 음성도가 높은 원자 X와 수소 H와의 사이에서 X−H…X와 같이 생긴 결합(점선 부분)을 수소 결합이라고 해요.

물은 수소 결합한 집합체

액체의 물 안에는 많은 물 분자가 존재해요. 물 분자는 서로 수소 결합으로 결합하고 있어요. 그 결과 수소 결합으로 결합한 많은 물 분자의 집합체가 생겨요. 이와 같은 집합체를 **클러스터**(cluster)라고 해요.

즉 액체의 물 안에서 물 분자는 단독 행동을 취하지 않고 늘 집단 행동을 해요. 그래서 물은 분자량이 작지만 끓는점이 높게 나타나는 특수성을 가져요.

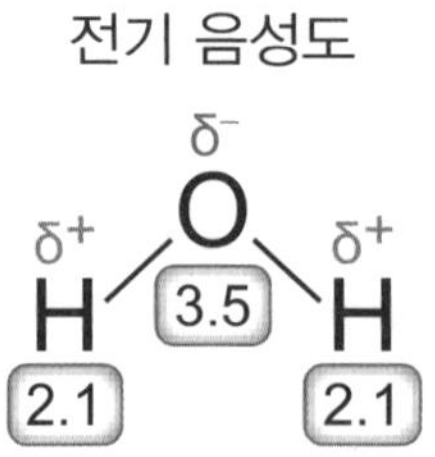

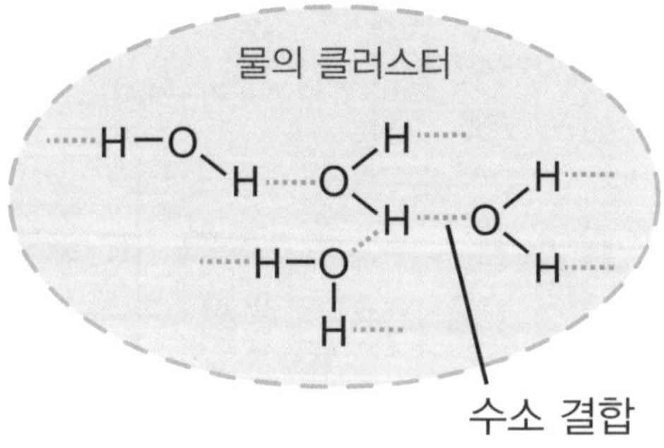

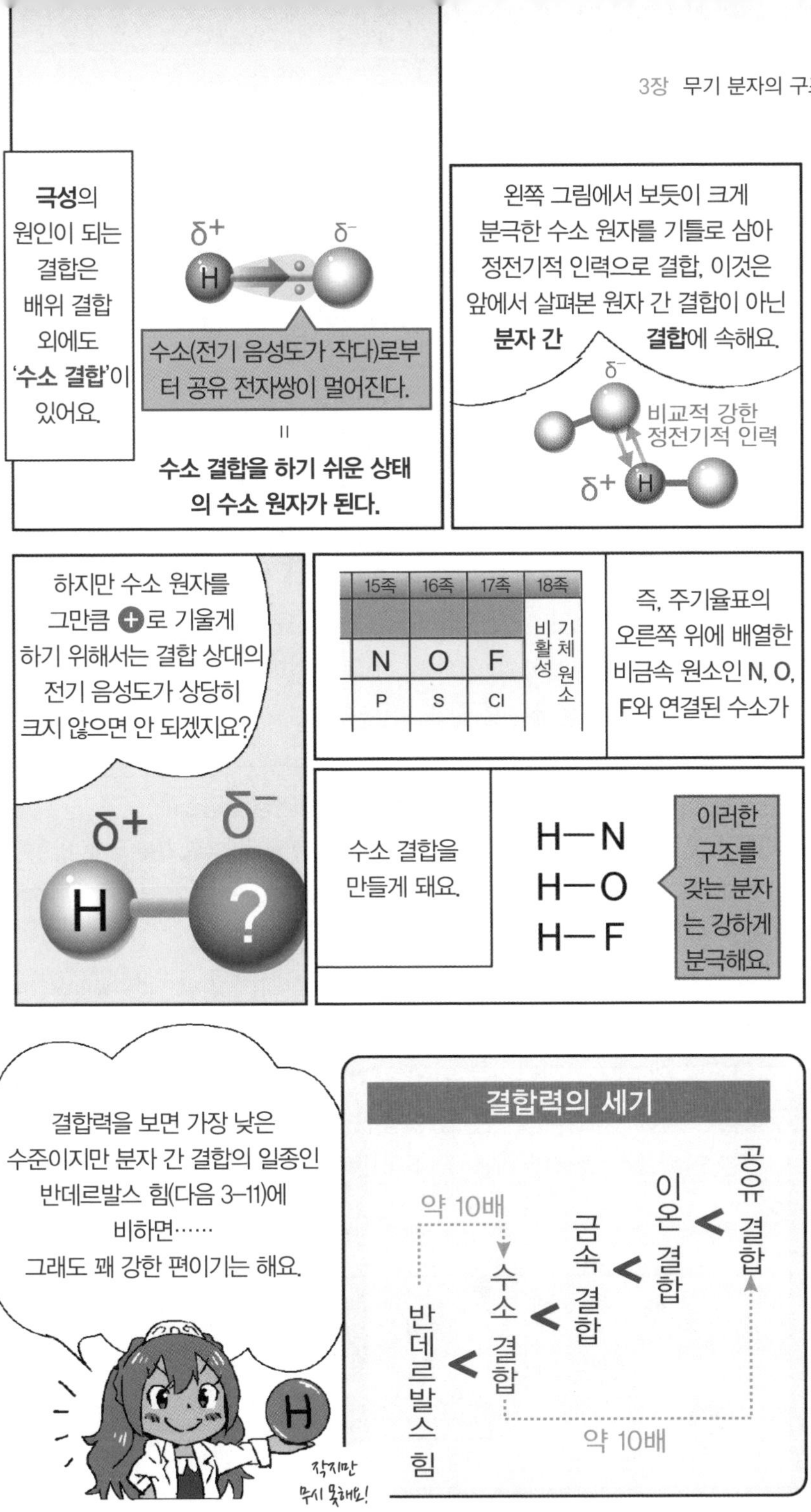
극성의 원인이 되는 결합은 배위 결합 외에도 '수소 결합'이 있어요.
δ+
H
δ−
수소(전기 음성도가 작다)로부터 공유 전자쌍이 멀어진다.
=
수소 결합을 하기 쉬운 상태의 수소 원자가 된다.
왼쪽 그림에서 보듯이 크게 분극한 수소 원자를 기틀로 삼아 정전기적 인력으로 결합, 이것은 앞에서 살펴본 원자 간 결합이 아닌 분자 간 결합에 속해요.
δ−
비교적 강한 정전기적 인력
δ+
H
하지만 수소 원자를 그만큼 +로 기울게 하기 위해서는 결합 상대의 전기 음성도가 상당히 크지 않으면 안 되겠지요?
δ+
δ−
H
?
15족
16족
17족
18족
N
O
F
P
S
Cl
비활성 기체 원소
즉, 주기율표의 오른쪽 위에 배열한 비금속 원소인 N, O, F와 연결된 수소가
수소 결합을 만들게 돼요.
H—N
H—O
H—F
이러한 구조를 갖는 분자는 강하게 분극해요.
결합력을 보면 가장 낮은 수준이지만 분자 간 결합의 일종인 반데르발스 힘(다음 3-11)에 비하면…… 그래도 꽤 강한 편이기는 해요.
H
작지만 무시 못해요!
결합력의 세기
공유 결합
<
이온 결합
<
금속 결합
<
수소 결합
<
반데르발스 힘
약 10배
약 10배

3 CHAPTER
11 SECTION

생성되자마자 사라지는 반데르발스 힘(van der Waals force)

전하가 편중되어 분극한다(극성을 가진다)

원자는 중앙에 있는 (+)로 하전된 원자핵과 그것을 둘러싼 (−)로 하전된 전자 구름으로 이루어져 있으며 이들 전하량은 서로 균형을 이루어요. 따라서 원자는 전기적으로 중성이에요.

하지만 전자 구름은 구름과 같은 것으로 전하 등의 영향을 받아 변형되기도 해요. 전자 구름이 어떤 영향으로 아래 그림과 같이 변형되었을 때, (+)전하의 중심과 (−)전하의 중심이 어긋나 버려요. 그 결과 원자는 (+) 부분과 (−) 부분으로 분극하게 돼요.

분극된 원자끼리 정전기적 인력으로 서로 끌어당긴다

이처럼 분극된 원자 가까이 있는 원자는 어떻게 될까요? 분극에 영향을 받아 가까이 있는 원자의 (+)전하 주변에는 (−)전하가 나타나고 (−)전하 주변에는 (+)전하가 나타나요.

그 결과 양쪽 원자 사이에는 전하로 인한 정전기적 인력이 발생해요. 즉 전기적으로 중성인 2개의 원자 사이에 인력이 생기는 거예요. 이러한 인력은 거품처럼 생겼다가 사라지는 아주 약한 힘이에요. 하지만 많은 원자로 이루어지는 집단 전체에서는 큰 힘을 발휘해요.

이러한 인력을 발견자의 이름을 따서 **반데르발스 힘**이라고 해요.

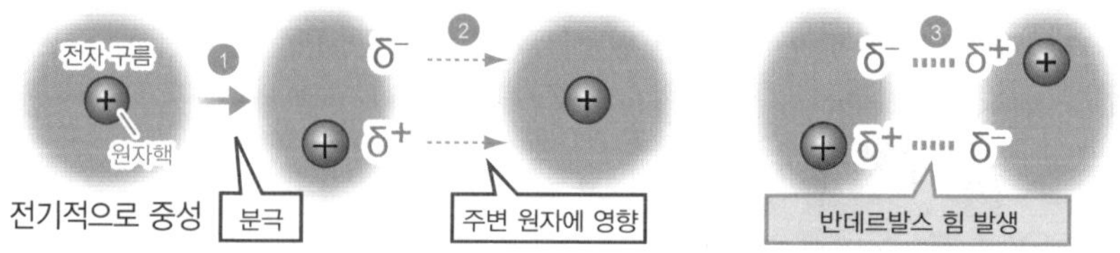

분극은 **원자 레벨**에서도 일어나요.
+와 -의 중심을 항상 일치시키는 건 무리! 무리!
다시 말해서 원자가 전기적 성질을 갖는 이상, 어떤 물질에도 정전기적 인력이 있는 거예요. 이러한 분자 간의 결합을 **'반데르발스 결합'**이라고 해요.
샘
샘
어?
프린세스 샘!
오빠가 더 힘들어 해요!
분…극… 반델……
뭐라고? 힘들다고? 아냐 화학은 안 힘들어!
6페이지 전부터 어찔어찔 해요!!
그렇지, 옆에 있는 원자 때문에 갈라지고…… 잘 알고 있네!
프린세스 샘!
쿵
글쎄! 샘 혼자만 알고 있다고요!
…… 나 혼자만?
아니겠지.
잘못 들었겠지.
훌쩍
나갈 거야……
관둘 거야……
나갈 거야……
관둘 거야……
ㅠ
아니……저…… 오빠! 우선 프린세스 샘을 붙잡아! 참, 오빠 못 일어나지? 어떡하지!
흑-흑-

Column

탄소의 동소체

화학 결합의 종류는 다양하며 만들어진 분자의 종류와 구조 또한 다양해요. 하나의 원자에서 생긴 홑원소 물질이라도 결합 방법에 따라 여러 종류의 구조가 있어요.

그 전형적인 예가 탄소의 동소체예요. 잘 알려진 것으로 다이아몬드, 그라파이트(흑연), C_{60} 플러렌, 탄소 나노 튜브 등이 있어요. 이것들은 모두 공유 결합으로 생긴 분자이며, 이러한 구조는 아래 그림처럼 전혀 다른 물질이에요.

다이아몬드의 결합은 3차원에 걸쳐서 무한하게 펴져가요. 때문에 1개의 다이아몬드 결정이 그대로 1개의 분자라고 할 수 있어요. 반면에 흑연은 무한대로 퍼진 2차원 구조체가 몇 층씩 겹쳐진 구조를 하고 있어요. 그리고 탄소 나노 튜브는 2차원 구조체가 둥글게 생긴 원통 모양이에요. C_{60} 플러렌은 60개의 탄소 원자로 이루어진 축구공을 꼭 닮은 분자예요.

원자는 물질임에 틀림없지만 마치 '아름다워지고 싶다'는 강한 의지를 갖고 있는 것처럼 생각될 때가 있어요.

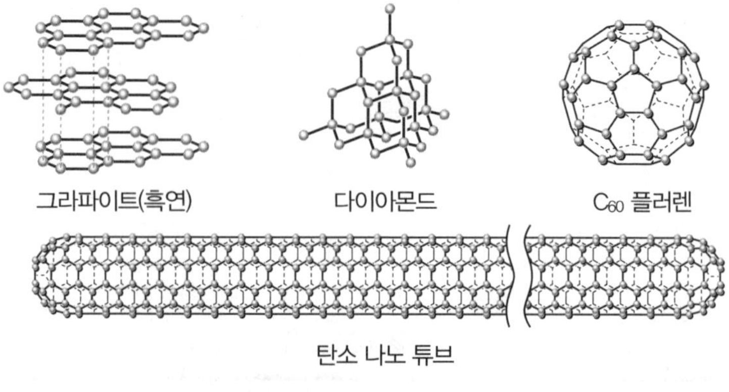

제 4 장

주족 원소의 성질

주기율표의 1족, 2족, 그리고 12~18족 원소를 주족 원소라고 해요. 주족 원소에는 표준 상태에서 기체인 것, 액체인 것, 고체인 것이 있어요. 성질을 보면 금속 원소, 비금속 원소, 중간인 준금속 원소 등 다양해요. 주족 원소의 가장 큰 특징은 같은 족 원소끼리 서로 비슷한 성질을 보인다는 거예요. 생명체의 중요한 구성 요소인 탄소, 수소, 산소, 질소 등은 모두 주족 원소예요.

4 CHAPTER 1 SECTION

공기보다 가벼운 기체 원소는 4종류뿐이다.

원자, 분자를 막론하고 모든 기체는 표준 상태(25℃, 1기압)에서 1몰이 24.8리터의 부피를 가져요(0℃, 1기압일 때는 22.4리터). 공기의 분자량은 질소와 산소의 혼합물로서 평균 28.8이라고 생각할 수 있어요. 때문에 공기보다 가벼운 기체 원소는 수소, 헬륨, 네온, 질소 4종류에 불과해요.

수소 H

우주에 가장 많이 존재하는 원소예요. 질량은 물의 약 10%($\frac{2}{18}$)예요. 수소 분자는 폭발성이 있어서 주의가 필요해요. 한편으로는 수소 연료 전지로 주목 받기도 해요. 수소는 탄소와 함께 유기물을 구성하는 주요 원소예요.

헬륨 He

수소에 이어 가볍고 안정되어 있어서 기구에 이용돼요. 액체 헬륨은 끓는점이 절대 온도 4도(−269℃)여서 초전도 자석 등에 극저온의 냉매로 이용돼요. 초전도 자석은 자기 부상 열차 및 뇌의 단층 사진을 찍는 MRI 등에 사용돼요.

질소 N

공기의 부피 중에서 80%는 질소가 차지해요. 질소는 액체 공기의 분별 증류로 얻어져요. 고온, 고압(600℃, 1000기압)에서 촉매가 있으면 수소와 반응하여 암모니아(NH_3)가 돼요. 이것을 이용하여 질산 암모늄($NHNO_3$) 등의 화학 비료와 각종 폭약을 만들어요.

네온 Ne

공기 중에 약 18ppm 포함되어 있어서 액체 공기의 분별 증류로 얻어져요. 전극이 연결된 유리관에 주입하여 방전하면 붉은색으로 발색하고 네온 사인이 돼요. 레이저 광원으로도 사용돼요.

바깥 공기
역시
좋다~~~~
운동복
공기보다
가벼운 기체
원소는?
H, He, Ne,
N 4종류예요.
다시 말해
서 홑원소
물질의
분자량이
28.8 이하
의 기체
예요.
그런데 표준 상태에서 어떤
원소들이 기체일까요?
18족이 단원자 분자라는 것을
알아야 Ne이라고
대답하겠지요.
그럼……
이번에는
각각의 성질을
외워야
하나요?
외출복
각각의 성질을 이해하려면 우선 전체적인
경향부터 파악하고 나서 필요한 것들을
보완하면 이해하기가 쉬워요.
앞에서 살펴본 '전자 배치'는
전기 음성도나 금속 · 비금속
의 구별, 결합의 종류로
이어져요. 계속해서 만화를
보면서 전자의 움직임과
원소의 성질에 대해서
살펴볼게요.
개성이란
그런
거에요~
원소를 많이 알게 되면
그 세계의 뿌리가 되는
경향을 상상할 수
있어서 무기 화학이
더 재미있어져요.
자,
원소 마라톤
시~작!♪
헉!

4 CHAPTER 2 SECTION

알칼리 금속인 1족 원소

1족 원소 중에서 수소를 제외한 나머지를 **알칼리 금속**이라고 해요. 알칼리 금속은 비중※이 작고, 부드러운 은백색의 금속이에요. 일반적으로 비중이 5 이하인 금속을 **경금속**, 그 이상을 **중금속**이라고 해요. 알칼리 금속은 모두 경금속이에요.

알칼리 금속이라 불리는 이유는 이들 금속이 알칼리성이기 때문이에요. 알칼리란 **염기**의 일종으로 물에 들어가면 수산화 이온 OH^-을 발생시켜요. 반대로 물에 들어가면 수소 이온 H^+을 내놓는 것을 **산**이라고 해요(제7장 참조).

알칼리 금속은 1개의 전자를 방출하여 1가의 양이온이 되는 성질이 있어요. 알칼리 금속은 물과 폭발적으로 반응하는 등 반응성이 매우 높기 때문에 석유 속에 보관해요. 알칼리 금속을 불꽃에 넣으면 특유한 색을 띠어요. 이것을 **불꽃 반응**이라고 하며 폭죽에 이용해요.

리튬 Li

비중이 0.53으로 금속 중에서 가장 가벼워요. 리튬 전지의 원료로 쓰이고 우울증 치료약으로도 사용돼요.

소듐(나트륨) Na

포타슘(칼륨) K과 함께 신경 전달 물질로 중요한 역할을 해요. 녹는점이 98℃로 낮으며, 고속 증식로의 냉각재로 이용돼요. 식염의 전기 분해로 얻을 수 있어요.

비중이 1 이하 = 물에 뜨는 금속 (리튬, 소듐, 포타슘)

	리튬	소듐	포타슘	루비듐	세슘
비중	0.53	0.97	0.85	1.53	1.87
녹는점(℃)	181	98	64	39	28
불꽃 반응	붉은 보라색	노란색	보라색	진한 붉은색	푸른 녹색

※ 비중: 물과 비교했을 때의 질량의 비

1족

제1주기
1 H
수소

제2주기
3 Li
리튬
알칼리 금속

제3주기
11 Na
소듐
알칼리 금속

제4주기
19 K
포타슘
알칼리 금속

제5주기
37 Rb
루비듐
알칼리 금속

제6주기
55 Cs
세슘
알칼리 금속

제7주기
87 Fr
프랑슘
알칼리 금속

1족 원소의 성질 차이

원소	수소	수소 이외
전자 배치		
안쪽 껍질	안쪽 껍질 없음 (차폐 효과 없음)	**안쪽 껍질 있음 (차폐 효과 있음)**
이온화 에너지	1312 크다 (이온화되기 어렵다)	513.3 작다 (이온화되기 쉽다)
성질	**공유 결합**을 만드는 성질	**금속**의 성질

주족 원소의 분류에서 가장 관계가 깊은 것은 전기 음성도예요.

그리고, 어떤 금속이 양이온이 되기 쉬운지 알아보는 척도를 **이온화 경향**이라고 해요. (제7장 7-10 참조)

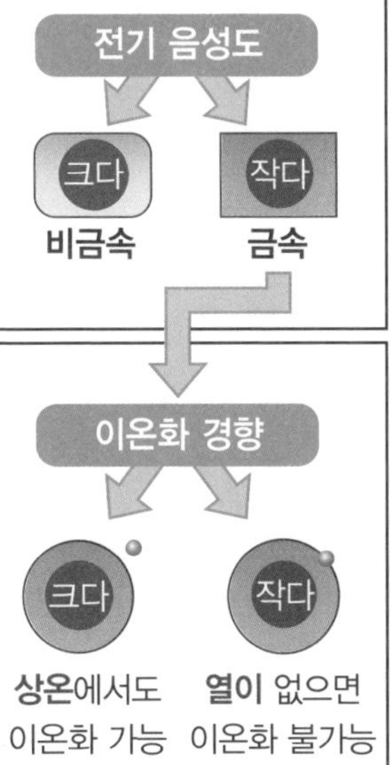

'알칼리 금속'이란?

① 전기 음성도는 최소 등급

② 이온화 경향은 최대 등급

전자를 내놓기 쉬운 경향이 강한 원소예요

범례
금속 / 준금속 / 비금속
기체
액체
고체
비고

4 CHAPTER
3 SECTION

물과 격렬하게 반응하는 알칼리 토금속이 포함된 2족 원소

2족 원소는 모두 은백색의 경금속이에요. 2개의 전자를 방출하여 2가의 양이온이 되는 성질이 있어요.

주기율표 상단에 있는 2개의 원소, 베릴륨(Be)과 마그네슘(Mg)을 제외한 다른 원소들은 성질이 비슷하기 때문에 **알칼리 토금속**이라고 불러요. 알칼리 토금속은 물과 반응하며, 불꽃 반응을 나타내기도 해요.

베릴륨 Be

독성이 강한 금속이에요. 베릴륨(Be)과 철(Fe)로 이루어진 베릴륨 합금은 가볍고 강해서 충격에도 발화하지 않는 등의 뛰어난 성질이 있어요.

마그네슘 Mg

뜨거운 물과 반응하여 연소해요. 소량의 알루미늄(Al)이나 아연(Zn)을 섞은 마그네슘 합금은 가볍고 강해서 자동차 부품 등에 이용돼요. 식물의 엽록체(클로로필)의 중요한 구성 원소예요.

칼슘 Ca

우리 몸의 뼈나 치아를 구성하는 원소이며, 성인의 경우 약 1kg의 칼슘을 갖고 있다고 해요. 석회석(주성분 $CaCO_3$)으로 존재하기 때문에 지각 중에 5번째로 많은 원소예요. 시멘트의 주성분이며 시멘트 무게의 65% 정도는 산화 칼슘(CaO)이에요.

	베릴륨	마그네슘	칼슘	스트론튬	바륨
비중	1.84	1.74	1.55	2.54	3.59
녹는점(℃)	1278	649	839	769	725
불꽃 반응	-	-	진한 주황색	진한 붉은색	푸른 녹색

2족

제1주기
—
–

제2주기
4 Be
베릴륨
–

제3주기
12 Mg
마그네슘
–

제4주기
20 Ca
칼슘
알칼리 토금속

제5주기
38 Sr
스트론튬
알칼리 토금속

제6주기
56 Ba
바륨
알칼리 토금속

제7주기
88 Ra
라듐
알칼리 토금속

범례
금속 / 준금속 / 비금속
기체
액체
고체
비고

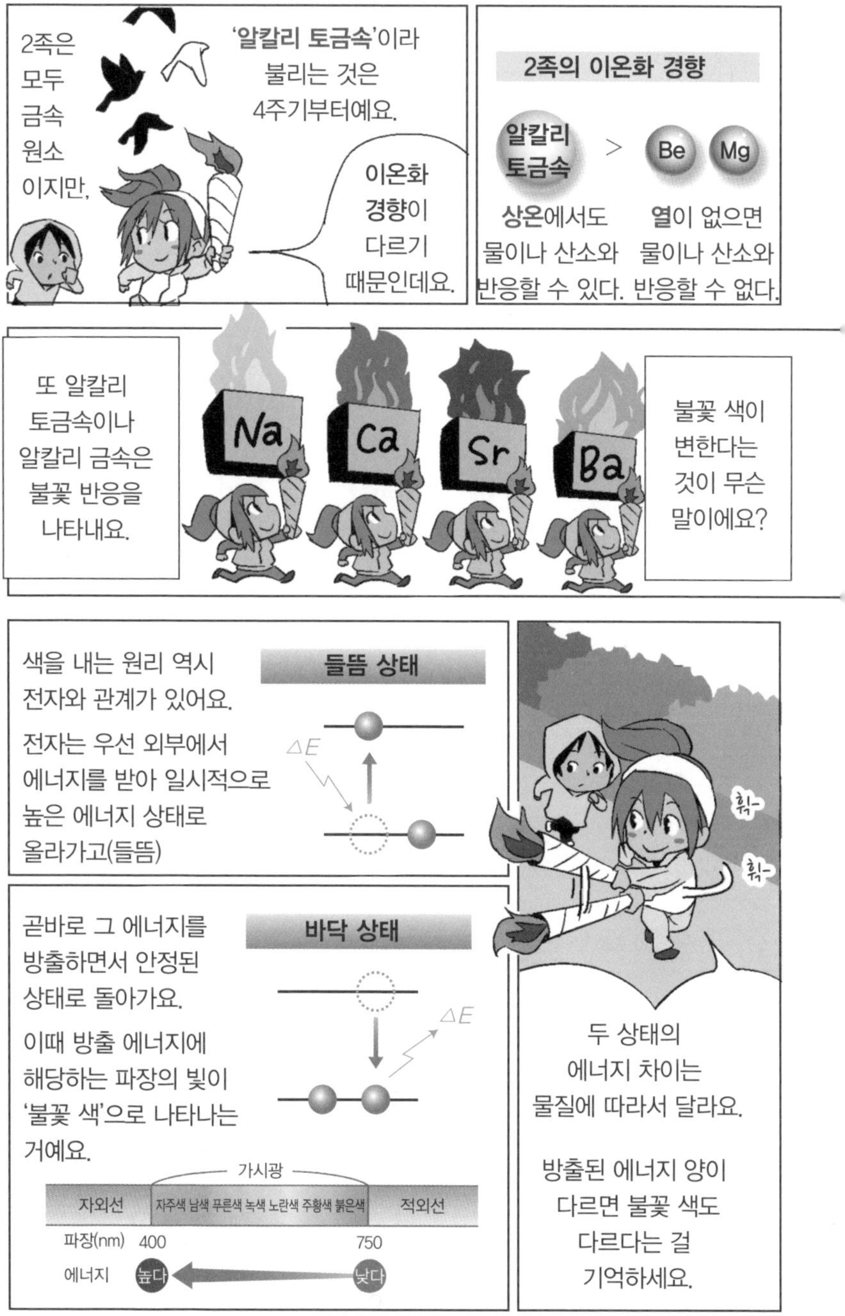

4 CHAPTER
4 SECTION

공해를 유발하는 금속 원소인 12족 원소

12족 원소는 모두 금속 원소이며 2족 원소와 마찬가지로 2개의 전자를 내놓아 2가의 양이온이 돼요.

아연 Zn

푸른빛을 띤 은백색의 금속이에요. 철판에 아연 도금을 한 것을 함석이라 하며, 건물의 외벽 등에 이용돼요. 철과 아연의 합금은 황동(놋쇠)이라 불리며 아름다운 금색을 자랑하고, 가구 등에 이용돼요. 아연은 인체에서 중요한 작용을 하며, 부족할 경우 미각 장애를 일으키거나 면역 결핍, 발육 부진 등이 나타날 수 있어요.

카드뮴 Cd

공해병으로 잘 알려진 이타이이타이병의 원인 물질이에요. 카드뮴은 아연과 성질이 비슷하여 아연 광물에 섞여 있어요. 예전에는 카드뮴을 어떻게 사용해야 하는지 잘 몰랐기 때문에 강에 함부로 버려져 공해를 일으켰어요. 하지만 현재는 원자로의 중성자 제어재 및 화합물, 태양 전지의 원료로 사용되면서 중요한 역할을 해요.

수은 Hg

녹는점이 약 −39℃이기 때문에 표준 상태에서 유일한 액체 금속이에요. 메틸 수은 $(CH_3)_2Hg$도 역시 공해병으로 알려진 미즈마타병의 원인 물질이에요. 수은은 많은 금속을 녹여서 흔히 **아말감**이라 불리는 수은 합금을 만들어요. 금 아말감을 구리로 만든 모형에 바른 다음 가열시키면 수은만 증발하여 금이 남기 때문에 옛날에는 불상 등의 금도금에 이용되었어요.

	아연	카드뮴	수은
비중	7.13	8.65	13.5
녹는점(℃)	420	321	−38.7

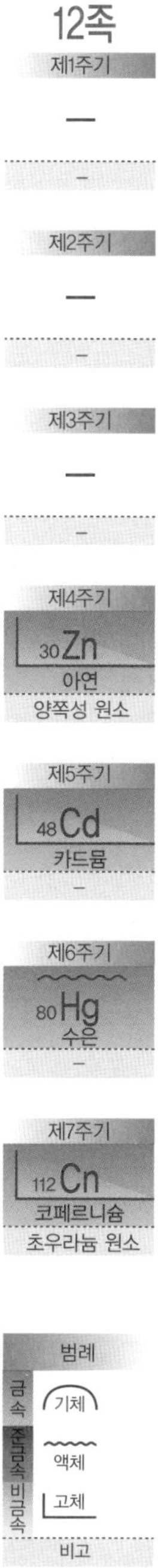
12족
제1주기
제2주기
제3주기
제4주기
30 Zn
아연
양쪽성 원소
제5주기
48 Cd
카드뮴
제6주기
80 Hg
수은
제7주기
112 Cn
코페르니슘
초우라늄 원소
범례
금속
준금속
비금속
기체
액체
고체
비고

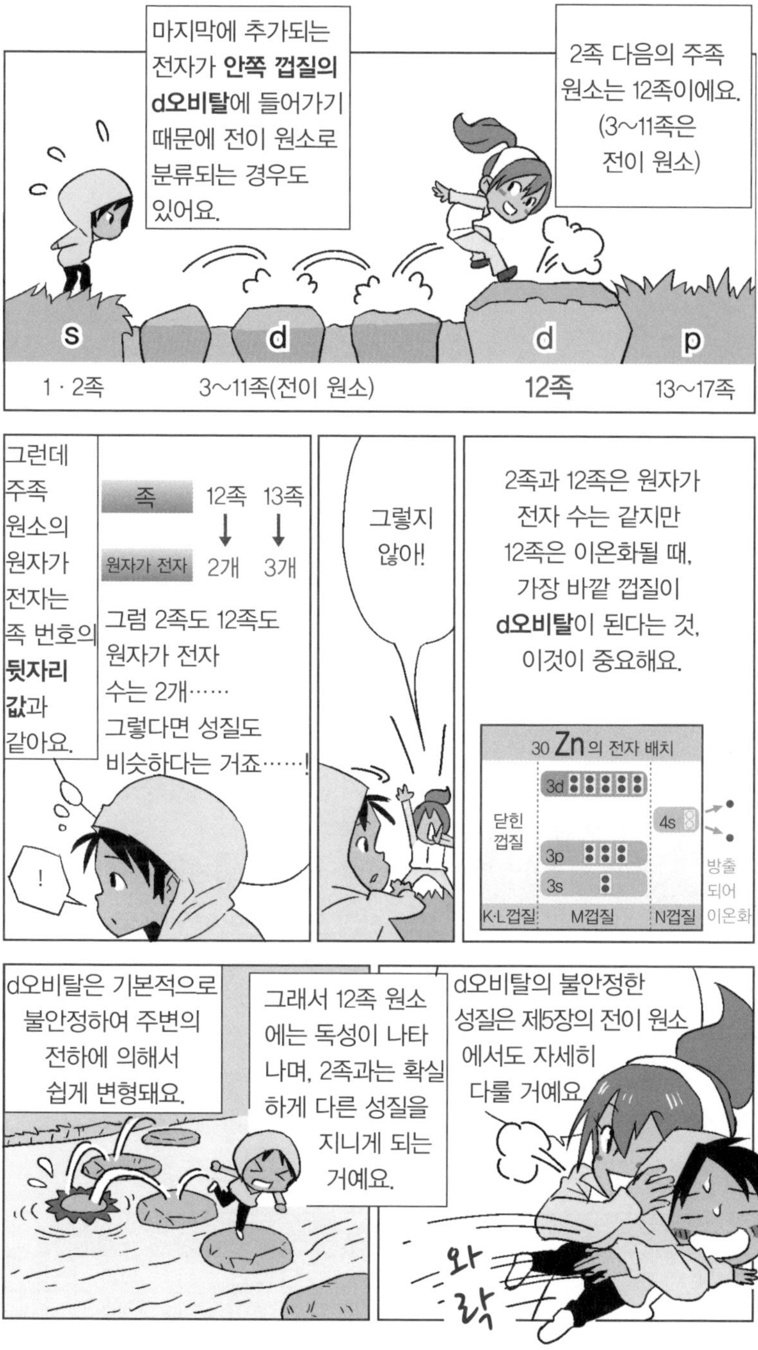
마지막에 추가되는 전자가 **안쪽 껍질의 d오비탈**에 들어가기 때문에 전이 원소로 분류되는 경우도 있어요.
2족 다음의 주족 원소는 12족이에요. (3~11족은 전이 원소)
s
d
d
p
1 · 2족
3~11족(전이 원소)
12족
13~17족
그런데 주족 원소의 원자가 전자는 족 번호의 **뒷자리 값**과 같아요.
족
12족
13족
원자가 전자
2개
3개
그럼 2족도 12족도 원자가 전자 수는 2개…… 그렇다면 성질도 비슷하다는 거죠……!
!
그렇지 않아!
2족과 12족은 원자가 전자 수는 같지만 12족은 이온화될 때, 가장 바깥 껍질이 **d오비탈**이 된다는 것, 이것이 중요해요.
30 Zn의 전자 배치
3d
닫힌 껍질
4s
3p
3s
방출되어 이온화
K·L껍질
M껍질
N껍질
d오비탈은 기본적으로 불안정하여 주변의 전하에 의해서 쉽게 변형돼요.
그래서 12족 원소에는 독성이 나타나며, 2족과는 확실하게 다른 성질을 지니게 되는 거예요.
d오비탈의 불안정한 성질은 제5장의 전이 원소에서도 자세히 다룰 거예요.
와락

4 CHAPTER 5 SECTION

붕소족이라 불리는 13족 원소

13족 원소는 맨 앞에 배열된 붕소 이름을 따서 **붕소족**이라 불려요. 붕소를 제외한 나머지는 금속이며 3개의 전자를 방출하여 3가의 양이온이 되는 성질이 있어요.

붕소 B

붕소는 금속도 비금속도 아니어서 **준금속**으로 분류될 때가 있어요. 녹는점이 높은 검은색 고체이며, 홑원소 물질 중 다이아몬드 다음으로 단단한 물질이에요. 15% 정도의 산화 붕소 B_2O_3를 혼합한 유리는 열팽창율이 작아져서 열을 가해도 깨지기 어렵기 때문에, 화학 기구 혹은 조리 기구 등에 이용돼요.

알루미늄 Al

지각에 산소(O)와 규소(Si) 다음으로 3번째로 많은 원소예요. 그러나 산화 알루미늄(Al_2O_3)으로 존재하기 때문에 환원이 곤란하여, 19세기 중반이 되어서야 금속으로 처음 추출됐어요.

표면이 산화되면 **부동태**가 되며 더 이상 산화가 진행되지 않아요. 보석의 일종인 루비나 사파이어는 산화 알루미늄 결정에 크로뮴(Cr), 타이타늄(Ti), 철(Fe) 등의 불순물이 섞여 있는 것이에요.

인듐 In

휴대전화 및 얇은 텔레비전 앞면에는 투명한 전극(투명 전극)이 칠해져 있어요. 이것은 유리 표면에 산화 인듐(In_2O_3)과 산화 주석(SnO_2)을 진공 증착한 것으로 ITO **전극**이라고 해요.

	붕소	알루미늄	갈륨	인듐	탈륨
비중	2.34	2.70	5.91	7.31	11.85
녹는점(℃)	2092	660	29.8	157	304

점점 **전기 음성도**가 커져서 13족 부근에서는 **전기 음성도가 중간**인 **원소**가 늘어나요.

중간적인 분류 ① **준금속 원소**

'준금속'이란 금속 · 비금속의 중간적인 경향

중간적인 분류 ② **양쪽성 원소**

여기서는 산 · 염기의 중간적 입장인 **'양쪽성 원소'**에 대해서 알아볼게요.

'산 · 염기'는 제7장에서 살펴볼 텐데요. 여기서 간단하게 구별하자면 '용액 안에서 H^+와 OH^-의 어느 쪽을 내놓는 물질인가?'예요.

산이 된다 H_2SO_3 녹색: 전기 음성도

H–O(2.5) \ S=O ; H(2.1)╪O(3.5) / → $H^+ + SO_3H^-$ → **산** H^+ 을 방출

여기서 끊어진다

염기가 된다 NaOH

Na(0.9) ╪ O(3.5) – H(2.1) → $Na^+ + OH^-$ → **염기** OH^- 를 방출

여기서 끊어진다

실은 이 역시 **전기 음성도**와 관련이 있어요.

전기 음성도의 차이가 큰 부분은 전자의 편재가 크며, 결합이 끊어지기 쉬워요. 그 결과 방출되는 것이 H^+ 아니면 OH^-가 되겠지요?

즉, 전기 음성도가 중간 정도일 때 산이 될 화합물과 염기가 될 화합물의 어느 쪽 구성 원소도 될 수 있어서 이것을 **'양쪽성 원소'**라고 해요.

대표적인 양쪽성 원소는 4종류

12족	13족	14족	14족
Zn 아연	Al 알루미늄	Sn 주석	Pb 납

이온을 만들지 않고 공유 결합하는 탄소족, 14족 원소

14족 원소는 **탄소족**이라고 해요. 이온을 만들지 않고 **공유 결합**에 의해서 화합물을 만들어요. 비금속, 준금속, 금속, 반도체와 같은 다양한 성질의 원소가 존재해요.

탄소 C

흑연, 다이아몬드 등 많은 동소체가 존재하며 각각 외형과 성질이 달라요. 탄소를 포함한 화합물 중에서 이산화 탄소(CO_2) 등 구조가 단순한 것을 제외한 나머지를 **유기 화합물**이라고 해요. 유기 화합물은 생물체를 이루는 화합물로서 중요해요.

규소 Si

암회색이며 단단한 고체예요. 이산화 규소(SiO_2)의 결정 상태가 수정이고, 비결정 상태(제6장 6-4 참조)가 유리예요. 규소는 그 자체가 반도체의 성질을 가질 뿐만 아니라 각종 반도체 원료로도 활약해요. 현대의 정보화 사회에서 없어서는 안 될 원소예요. 태양 전지의 원료로도 중요해요.

주석 Sn

은백색의 금속으로 식기나 술잔 등으로 사용돼요. 결정 상태에 따라서 α주석, β주석 등이 있으며 각각 비중이 달라요. 저온에서는 비중이 작은 α주석으로 변화하기 때문에, 부피 팽창이 일어나 제품의 형태가 변형돼요.

	탄소	규소	저마늄	주석	납
성질	비금속	준금속 반도체	준금속 반도체	금속 반도체	금속
비중	※	2.33	5.32	5.75, 7.31	11.35
녹는점(°C)	※	1410	938	232	328

※ 동소체에 따라서 다르다

14족

주기	원소	비고
제1주기	—	-
제2주기	6 C 탄소	-
제3주기	14 Si 규소	-
제4주기	32 Ge 저마늄	-
제5주기	50 Sn 주석	양쪽성 원소
제6주기	82 Pb 납	양쪽성 원소
제7주기	114 Fl 플레로븀	초우라늄 원소

범례: 금속 / 준금속 / 비금속 — 기체, 액체, 고체 — 비고

14족은 뒷자리가 4이기 때문에 원자가 전자는 4개예요.
4개를 줄까? 4개를 받을까?
어느 쪽도 실은 어려워요.
그래서 14족은 이온화하지 않고 대부분 **공유 결합**을 해요.

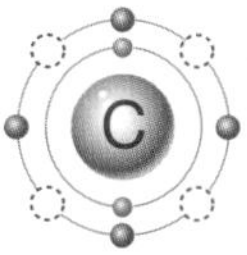

여기서 잠깐!
탄소가 골격이 되는 **'유기 화합물'**은 수천 만 종류라고 알려져 있는데……
제3장 3-6에서 살펴본 **혼성 오비탈**을 기억하나요?

실은 혼성에 사용하는 p오비탈의 수에 따라서 sp^3혼성과 다른 종류가 있어요.

바닥 상태의 탄소 $_6C$

2p –(↑)(↑)( )–
2s –(↑↓)–
1s –(↑↓)–

p오비탈을 1개 사용하는 sp혼성과 2개 사용하는 sp^2혼성이에요.

⇩ 혼성 ⇩ 혼성 ⇩ 혼성

sp혼성	**sp^2혼성**	**sp^3혼성**
2p –(↑)(↑)–	2p –(↑)–	sp^3 –(↑)(↑)(↑)(↑)–
sp –(↑)(↑)–	sp^2 –(↑)(↑)(↑)–	
1s –(↑↓)–	1s –(↑↓)–	1s –(↑↓)–
2개의 혼성 오비탈에서 180° 결합각	**3개**의 혼성 오비탈에서 120° 결합각	**4개**의 혼성 오비탈에서 109.5° 결합각

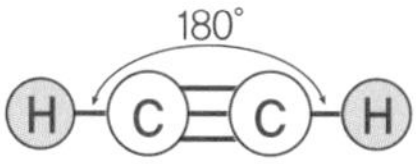

C_2H_2
아세틸렌

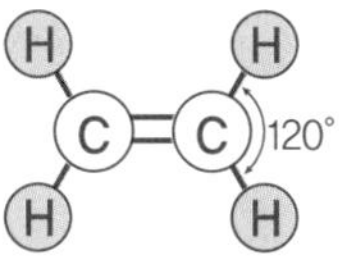

C_2H_4
에틸렌

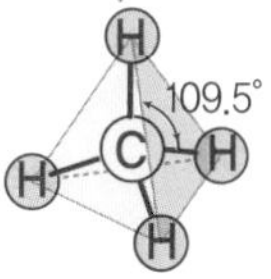

CH_4
메테인

자, 이렇게 여러 형태의 골격을 만들 수 있지요? 단순히 전자 배치로 이야기를 시작했는데, 탄소야말로 유기 화합물의 '왕'이라 불릴 만해요!

CHAPTER 4 SECTION 7

질소족 원소라 불리는 15족 원소

15족 원소는 **질소족**이라 불려요. 질소(N) 이외는 표준 상태에서는 고체이지만 비금속, 준금속, 금속 원소와 같이 다양한 종류가 존재해요.

인 P

인은 흰색 인(백린), 보라색 인(자린), 검은색 인(흑린)의 동소체가 있으며, 혼합물로서 노란색 인(황린)이나 붉은색 인(적린)도 있어요. 흰색 인에는 독성이 있어요. 인은 생물체에 중요한 작용을 하는 원소예요. 유전과 관련된 DNA와 RNA의 중요한 구성 원소이며, 생물체 에너지를 저장하는 물질인 ATP의 주요 구성 원소예요. 뼈는 인산 칼슘 $Ca_3(PO_4)_2$으로 이루어져 있어요. 세포막을 구성하는 인 지질에도 인이 포함되어 있어요.

또 식물의 3대 영양소 중 하나이기도 해요. 반면에 각종 살충제, 사린 등 화학 병기의 원료로도 사용돼요.

비소 As

비소는 은백색의 고체로 갈륨비소(GaAs) 등 각종 반도체의 원료로 빼놓을 수 없어요. 강한 독성을 가지며 특히 아비산(삼산화 비소, As_2O_3)은 예로부터 독약으로 사용되기도 했어요. 현재도 흰개미 퇴치에 이용돼요. 나폴레옹 역시 비소에 의해 암살되었다는 설도 있는데 사실 여부는 확실하지 않아요.

	질소	인	비소	안티모니	비스무트
성질	비금속	비금속	준금속	준금속	금속
비중	1.03	※	5.78	6.69	9.75
녹는점(℃)	−210	※	817	631	271

※ 동소체에 따라서 다르다

15족

제1주기

—

–

제2주기

7 N 질소

–

제3주기

15 P 인

–

제4주기

33 As 비소

–

제5주기

51 Sb 안티모니

–

제6주기

83 Bi 비스무트

–

제7주기

115 Mc 모스코븀

초우라늄 원소

범례

금속 / 준금속 / 비금속

기체 / 액체 / 고체

비고

	1족	14족	15족	16족
제1주기	H			
제2주기		C	N	O
제3주기			P	S

4 CHAPTER 8 SECTION

산소족 혹은 칼코젠 원소라 불리는 16족 원소

16족 원소는 **산소족**이라 불려요. 또 산소를 제외하고 **칼코젠 원소**라고 해요. 칼코젠은 그리스어로 '돌을 만드는 것'이란 뜻이에요. 황(S)이 각종 광물에 포함되어 있어서 붙여진 이름일 수도 있어요.

2개의 전자를 받아 2가의 음이온이 돼요. 또 2개의 수소 원자(H)와 반응하여 MH_2의 화합물을 만들어요.

황 S

많은 동소체를 가지며 각각의 성질이 달라요. 화산 가스 등에 포함된 황화수소(H_2S)는 농도가 낮을 때 달걀 썩은 냄새가 나는데, 농도가 진하면 후각이 마비되어 냄새를 느끼지 못하게 돼요. 황화 수소는 맹독성을 지녀요.

황산(H_2SO_4)은 대표적인 산이며 각종 공업 원료로도 중요해요. 황 산화물에는 많은 종류가 있는데 보통 SO_X라고 불러요. 공해 지역에서는 천식의 원인이 되는 물질로 알려져 있어요.

셀레늄 Se

인체의 필수 원소이며, 부족하면 백내장이나 심부전을 일으키지만 반대로 과다하면 셀레늄 중독으로 생명을 잃을 수 있어요. 셀레늄은 절연체지만 빛을 받으면 좋은 도체가 돼요. 복사기는 셀레늄의 이러한 성질을 이용한 것이에요.

	산소	황	셀레늄	텔루륨	폴로늄
성질	비금속	비금속	준금속	준금속	준금속
비중	1.53	※	4.82	6.24	9.20
녹는점(℃)	−219	※	217	450	254

※ 동소체에 따라서 다르다

16족

- 제1주기: —
- 제2주기: 8 O 산소 (기체)
- 제3주기: 16 S 황 (고체)
- 제4주기: 34 Se 셀레늄 (고체)
- 제5주기: 52 Te 텔루륨 (고체)
- 제6주기: 84 Po 폴로늄 (고체)
- 제7주기: 116 Lv 리버모륨 — 초우라늄 원소

범례: 금속 / 준금속 / 비금속 — 기체 / 액체 / 고체 — 비고

산소가 결합한 화합물을 **'산화물'** 이라고 해요.

주목할 점은 결합하는 상대가 **금속**인가 **비금속** 인가예요.

이러한 구분으로 산 · 염기 중에서 어느 쪽 성질을 갖는지 대략적으로 판단할 수 있어요.

금속 + $_8O$ 산소 (금속 산화물 → $+H_2O$ → 수산화물, 수산화물 → $-H_2O$ → 금속 산화물)

금속 산화물	수산화물
Li_2O	$LiOH$
Na_2O	$NaOH$
K_2O	KOH
MgO	$Mg(OH)_2$
CaO	$Ca(OH)_2$

= **모두 염기**

비금속 + $_8O$ 산소 (비금속 산화물 → $+H_2O$ → 옥소산, 옥소산 → $-H_2O$ → 비금속 산화물)

비금속 산화물	옥소산
CO_2	H_2CO_3
SiO_2	H_2SiO_3
NO_2	HNO_3
P_4O_{10}	H_3PO_4
SO_2	H_2SO_3
SO_3	H_2SO_4
Cl_2O_7	$HClO_4$

= **모두 산**

→ **염 생성**

4 CHAPTER 9 SECTION

할로젠 원소인 17족 원소

17족의 원소는 **할로젠 원소**라고 해요. 할로젠은 '산과 염기의 중화 반응으로 생성된 염을 만드는 것'이란 의미예요. 주기율표에서 위쪽에 있는 것은 기체이고, 중간에 위치한 브로민(Br)은 액체이며, 그보다 낮은 것은 고체예요. 아스타틴(At)은 자연에 존재하는 양이 적어서 원자로에서 인공적으로 만들어요. 할로젠 원소는 1개의 전자를 받아 −1가의 음이온이 돼요.

플루오린 F

옅은 노란색으로 맹독을 지닌 기체예요. 반응성이 높으며 헬륨 이외의 모든 원소와 반응하여 화합물을 만들어요. 폴리 에틸렌의 수소를 플루오린으로 치환한 고분자(플라스틱)를 '테프론'이라 부르며, 마찰 계수가 적어서 프라이팬 등의 코팅에 이용돼요. 탄소와 염소의 화합물인 '프레온'은 끓는점이 낮기 때문에 에어컨의 냉매 등에 이용되었는데, 오존층을 파괴한다는 사실이 밝혀지면서 제조 및 사용이 금지되었어요.

염소 Cl

옅은 녹색을 띠며 맹독성 기체예요. 제1차 세계대전에서 독가스로 이용되었어요. DDT, BHC, PCB 다이옥신 등 염소를 포함한 유기물은 일반적으로 **유기 염소 화합물**이라 불려요. 독성이 있으며 분해되기 어렵고 잔류 독성이 문제가 돼요.

	플루오린	염소	브로민	아이오딘	아스타틴
표준 상태	기체	기체	액체	고체	고체
비중	1.7(기체)	3.21	3.12	4.93	–
녹는점(℃)	−219	−101	−7.3	114	302

17족

제1주기
—
–

제2주기
9 F
플루오린
할로겐 원소

제3주기
17 Cl
염소
할로겐 원소

제4주기
35 Br
브로민
할로겐 원소

제5주기
53 I
아이오딘
할로겐 원소

제6주기
85 At
아스타틴
할로겐 원소

제7주기
117 Ts
테네신
초우라늄 원소

범례
금속 / 준금속 / 비금속
기체
액체
고체
비고

할로겐 원소는 강력한 전기 음성도로 전자를 강하게 끌어 당기는 뛰어난 성질이 있어요.

수소 화합물의 종류와 성질

1족	2족	13족	14족	15족	16족	17족
LiH **강염기**			CH_4 **중성**	NH_3 **약염기**	H_2O **중성**	HF **약산**
NaH **강염기**	MgH_2 **염기**	AlH_3 **양쪽성**	SiH_4 **중성**	PH_3 **약염기**	H_2S **약산**	HCl **강산**
KH **강염기**	CaH_2 **강염기**					HBr **강산**

이러한 화합물, 예를 들어 수소(H)와 결합한 **할로겐화 수소**는 강력한 산이 돼요.

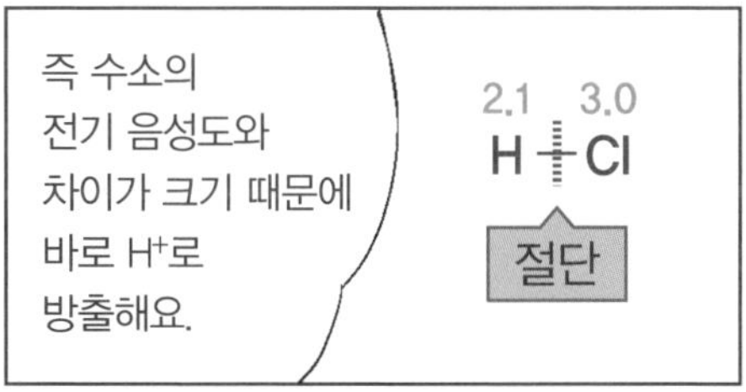

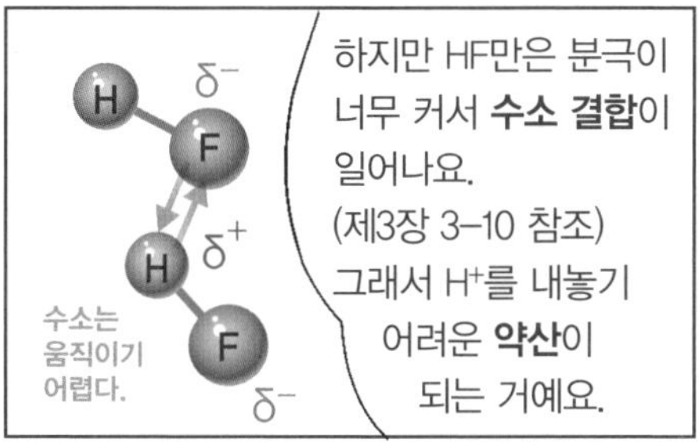

또 할로겐과 정반대의 성질을 갖는 1족의 알칼리 금속과는 서로 격렬하게 반응해요. 18족과 1족은 비교적 자주 등장하는 원소들이에요.

4 CHAPTER

10 SECTION

닫힌 껍질 구조로 안정된 비활성 기체 원소의 18족 원소

18족 원소는 **비활성 기체 원소**라고 해요. 전자 구조가 안정된 닫힌 껍질 구조를 가지며, 그 때문에 다른 원소와 반응하기 어려워서 붙여진 이름이에요. 모든 원소가 원자 상태 그대로 무색의 기체로 존재해요.

아르곤 Ar

공기 중에 질소, 산소에 이어 3번째로 많은 원소이며, 공기 중에서 약 1%를 차지해요. 액체 공기를 분별 증류하여 얻을 수 있고 낮은 가격으로 많은 양을 만들 수 있어요. 의료용 레이저의 광원으로도 이용돼요.

크립톤 Kr

크립톤은 크립톤 전구에 사용돼요. 백열 전구에는 질소(N_2) 혹은 아르곤(Ar)이 들어 있는데, 여기에 크립톤을 넣으면 발광 효율이 더욱 좋아져서 수명이 길어져요.

라돈 Rn

라돈은 α선을 방출하는 방사성 원소예요. 라돈은 땅속에 있는 라듐의 α 붕괴에 의해 생성돼요. 때문에 지하실이나 라듐 온천에 존재해요. 라듐 온천은 방사선이 있기 때문에 유해할 것 같지만 양이 적어서 오히려 건강에 좋다는 주장도 있어요. 다량의 방사선은 유해하지만 소량의 방사선은 유익하다는 주장을 **방사선 호르메시스 효과**(radiation hormesis effect)라고 하는데, 의학적으로 증명된 것은 아니에요.

	헬륨	네온	아르곤	크립톤	제논	라돈
끓는점(℃)	−269	−246	−186	−153	−108	−62
녹는점(℃)	−272	−249	−189	−157	−112	−71

18족

제1주기
2 He
헬륨
비활성 기체

제2주기
10 Ne
네온
비활성 기체

제3주기
18 Ar
아르곤
비활성 기체

제4주기
36 Kr
크립톤
비활성 기체

제5주기
54 Xe
제논
비활성 기체

제6주기
86 Rn
라돈
비활성 기체

제7주기
118 Og
오가네손
초우라늄 원소

범례
금속
준금속
비금속
기체
액체
고체
비고

Column

준금속

원소는 금속 원소와 비금속 원소로 나눌 수 있어요. 단, 비금속 원소 중에서 금속적인 성질을 갖는 것도 있어요. 예를 들면 실온에서 고체가 되어 금속 광택을 가지거나, 금속의 전성과 연성을 가지는 경우도 있고, 약간의 전기 전도성을 갖는 경우도 있어요. 그래서 이와 같은 원소를 **준금속**으로 분류할 수 있어요.

준금속의 분류는 미묘해요. 과학자마다 해석이 다르기 때문인데요. 많은 사람들이 준금속이라고 합의한 원소는 붕소(B), 규소(Si), 게르마늄(Ge), 비소(As), 안티모니(Sb), 텔루륨(Te)의 6종류예요. 그 외에 셀레늄(Se), 폴로늄(Po), 아스타틴(At)이 포함되기도 해요.

그런데 기체 원소인 수소(H)나 질소(N)도 저온에서는 고체가 되며 이와 같은 상태를 '금속 수소'라고 하여 준금속으로 취급하기도 해요. 어쩌면 화학은 흑백을 명백하게 가리는 디지털적 학문이 아니라, 흑과 백의 경계가 모호한 회색의 아날로그적 학문이라고 말할 수도 있을 것 같아요.

■ 준금속

	1	2	3	4	5	6	7	8	9	10	11	12	13	14	15	16	17	18
1	H																	He
2	Li	Be											**B**	C	N	O	F	Ne
3	Na	Mg											Al	**Si**	P	S	Cl	Ar
4	K	Ca	Sc	Ti	V	Cr	Mn	Fe	Co	Ni	Cu	Zn	Ga	**Ge**	**As**	**Se**	Br	Kr
5	Rb	Sr	Y	Zr	Nb	Mo	Tc	Ru	Rh	Pd	Ag	Cd	In	Sn	**Sb**	**Te**	I	Xe
6	Cs	Ba	란타넘족	Hf	Ta	W	Re	Os	Ir	Pt	Au	Hg	Tl	Pb	Bi	**Po**	**At**	Rn
7	Fr	Ra	악티늄족	Rf	Db	Sg	Bh	Hs	Mt	Ds	Rg	Cn	Nh	Fl	Mc	Lv	Ts	Og

제 5 장

전이 원소의 성질과 반응

주족 원소 이외의 원소를 전이 원소라고 해요. 전이 원소는 모두 표준 상태에서 고체이며 동시에 금속이라는 특징이 있어요. 전이 원소는 주족 원소와 다르게 같은 족에 있는 원소라고 해서 성질이 비슷하지는 않아요. 오히려 주기율표에서 옆으로 나란히 있는 원소끼리 더 비슷한 성질이 나타나기도 해요. 전이 원소에는 금, 은, 구리, 백금, 철 등 우리들에게 친숙한 원소가 있어요.

5 CHAPTER 1 SECTION

전이 원소의 특징은?

d오비탈에 전자가 채워지는 것이 전이 원소

제2장 2-7에서 살펴본 것처럼 새롭게 늘어난 전자가 원칙적으로 d오비탈이나 f오비탈에 들어가는 원소를 전이 원소라고 해요. 이전에는 스칸듐(3족)부터 아연(12족)까지의 원소들을 전이 원소라고 했어요. 하지만 현재는 원소의 성질 등을 고려해서 3족부터 11족까지의 원소들을 전이 원소라고 해요.

새롭게 늘어난 전자가 d오비탈에 들어가는 일은 이트륨Y(원자 번호 39)부터 은Ag(원자 번호 47)에도 일어나므로 이들 원소도 전이 원소가 돼요. 단 3족의 란타넘 족에 포함된 란타넘(La)에서 전자는 4f오비탈에 들어가요.

전자가 d오비탈에 채워지면서 나타나는 영향은?

위에서 말한 원소에서는 바깥쪽 전자 껍질의 s오비탈에 이미 전자가 들어 있어요. 옷에 비유하자면 이미 양복(4s오비탈 전자)을 입었는데 안쪽에 와이셔츠(3d오비탈 전자)를 껴입는 것과 같아요. d오비탈의 전자가 3개인가 아니면 5개인가 하는 차이는 와이셔츠 색이 흰색이냐 파란색이냐와 같은 것으로 외견상(원자의 성질) 크게 영향을 주지 않아요.

그래서 전이 원소에서는 전자 수(원자 번호)가 변해도 성질에 큰 차이는 나타나지 않아요. 그 결과 전이 원소의 성질은

- **모두 비슷한 성질을 갖는다.**
- **족마다 명확한 성질의 차이도 없다.**

라고 할 수 있어요.

주족 원소에서는 **가장 바깥 껍질**의 **s · p오비탈**이 주인공이었다면 전이 원소는 **안쪽 껍질**의 **d · f오비탈**이 결합에 관여해요.

전이 원소	주족 원소
모두 금속 원소	• 금속 원소 • 비금속 원소 • 준금속 원소
새로운 전자는 안쪽 껍질에 들어간다 ll **안쪽 껍질에 빈자리가 있다**	새로운 전자는 가장 바깥 껍질에 들어간다 ll **안쪽 껍질에 빈자리가 없다**

예를 들면 안쪽 빈자리가 '**착물**'이라는 거대한 금속 이온 · 분자의 형성을 쉽게 해줘요.

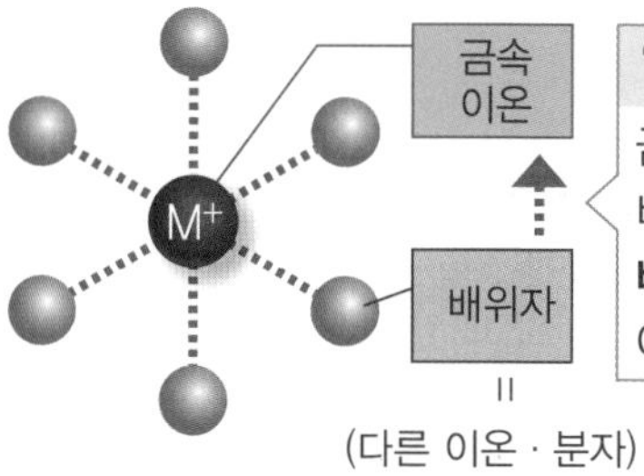

'착물'이란?

금속 이온을 중심으로 배위자의 비공유 전자쌍이 **배위 결합**(제3장 3–9)한 이온 · 분자를 말한다.

● 배위 가능한 수

금속 이온	중요한 배위 수[※1]	착물 형태
Ag^{+}	2(다이)	직선
Cu^{2+}	4(테트라)	정사각형
Zn^{2+}		정사면체
Fe^{2+}	6(헥사)	정팔면체
Fe^{3+}		
Al^{3+}		
Cr^{3+}		
Ni^{2+}		
Co^{3+}		

※1 배위수는 1개의 입자에 인접하는 입자 수

● 주요 배위자

	배위자	명칭	친한 금속 이온
분자	H_2O	아쿠아	모든 금속 이온
	NH_3	아민	Ag^{+},Cu^{2+}, Zn^{2+}
이온	$C{\equiv}N^{-}$	사이안화	Ag^{+},Fe^{2+}
	OH^{-}	하이드록소	Cr^{3+}, 양쪽성 원소
	Cl^{-}	염소	Au^{3+},Cu^{2+}, Co^{2+} 등
	$S_2O_3^{2-}$	싸이오황화물	Ag^{+}

안쪽에 있는 빈자리가 배위 결합에 필요한 전자를 받아 줘요.

「 착이온의[※2] 명명법 $[Fe(CN)_6]^{4-}$
헥사 사이아노 철(II) 산이온 」

헥사 – 배위수, 사이아노 – 배위자, 철(II) – 금속, 산이온 – 음이온에는 '산'을 붙인다

※2 착이온은 금속이나 금속이온과 간단한 구조의 분자, 이온이 결합한 것

5 CHAPTER
2 SECTION

전이 원소의 분류

'전이 원소'라 불리는 이유

주족 원소와 달리 전이 원소에서는 족마다 성질의 차이가 명확하지 않아요. '전이 원소'라는 이름은 주족 원소와 관련이 있어요. 주기율표 양쪽에 배열된 주족 원소 사이에 끼어 있어서, 왼쪽에서 오른쪽의 주족 원소를 향해서 '서서히 성질이 변화(전이)하는 원소'라는 의미예요. 전이 원소는 모두 금속 원소이며 **전이 금속 원소**라고도 해요.

전이 원소의 유사성과 블록별 분류

주족 원소에서 주기율표의 세로 줄(족)에 배열된 원소들은 유사성이 있어요. 반면에 전이 원소에서는 옆으로 배열된 원소 사이에서 유사성을 볼 수 있는 경우가 있어요. 예를 들면 **철족**, **백금족**, 그리고 **귀금속**이에요. 또 새롭게 늘어난 전자가 d오비탈에 들어가는 원소를 **d블록 전이 원소**, f오비탈에 들어가는 원소를 **f블록 전이 원소**라고 분류하고 있어요.

전이 원소의 종류로 3족의 **레어 어스(희토류)**와 **초우라늄 원소**는 매우 중요한데, 이들에 대해서는 제8장에서 자세히 설명할게요.

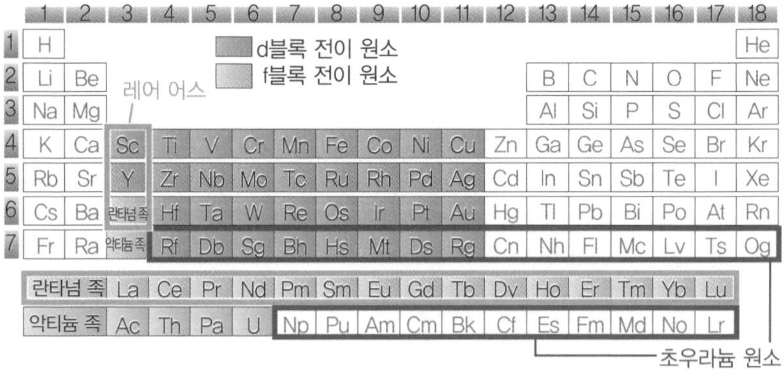

3족

제1주기
—
–
–

제2주기
—
–
–

제3주기
—
–
–

제4주기
21 Sc
스칸듐
$3d^1 4s^2$
레어 어스

제5주기
39 Y
이트륨
$4d^1 5s^2$
레어 어스

제6주기
57~71
란타넘 족
–
레어 어스

제7주기
89~103
악티늄 족
–
일부 초우라늄 원소

전이 원소의 전반적인 특징

우선, **주족 원소보다 많은 전자가 결합에 관여하기** 때문에 **이온 전하**(산화수)의 범위가 넓어요.

모두 Cr(6족)의 이온

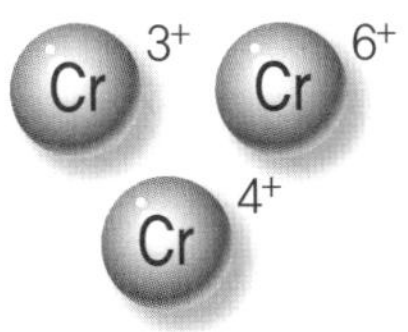

※전이 원소는 이론상 7가까지의 이온이 된다.

안정되어 있으면 1개의 원소에 다양한 전하를 가진 이온이 존재해요.

한편, 원소의 성질을 가장 좌우하는 **원자가 전자 수**는 족이 변해도 1 혹은 2 그대로 일정해요.

즉 주기율표의 세로줄이 아니라 **가로줄 방향**으로 성질이 비슷하며,

이러한 가로줄 방향으로 분류된 그룹 명칭이 있는 것 또한 주족 원소에는 볼 수 없는 특징이에요.

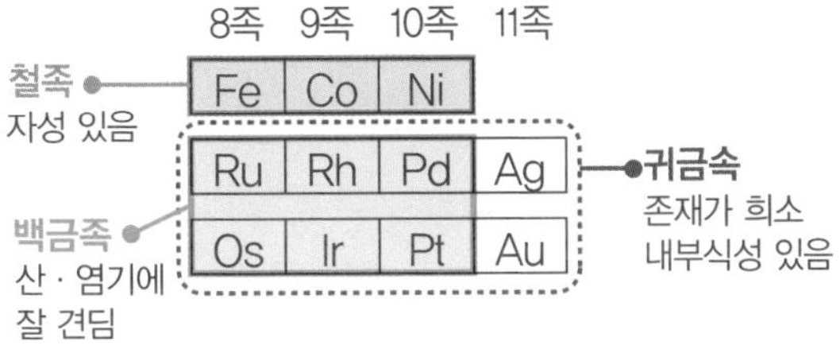

※나머지 전이 원소에 대해서는 제8장에서 정리했어요.

3족 원소, 특히 희소 금속을 포함한 족

초우라늄 원소 방사능을 가진 인공 원소

제외

자, 그럼 다음엔 4족 이후의 원소를 살펴볼게요. 중요한 것은 역시 **전자**의 움직임. 주기율표를 살피는 것은 곧 '**전자를 잘 살피는 것**' 기대하세요~

범례
금속
고체
전자 배치
비고

5 CHAPTER 3 SECTION

4족 원소의 특징과 용도 ……Ti, Zr, Hf

타이타늄 Ti

타이타늄은 지각에 존재하는 원소 중에 9번째로 많은 원소예요. 비중이 약 4.5, 경도는 6으로 가볍고 단단한 금속이며 안경테, 스포츠 용품 등에 자주 이용돼요. 타이타늄 합금은 항공기에도 사용되고 있고 전투기 몸체의 3분의 1은 타이타늄이라고 해요.

이산화 타이타늄(TiO_2)이 빛을 받으면 공기 중의 물이나 산소를 분해하여 활성 물질을 발생시키며, 실내의 악취나 세균들을 제거해요. 이 작용을 **광촉매 작용**이라고 해요.

지르코늄 Zr

지르코늄은 금속 중에서 가장 중성자를 흡수하기 어려운 원소예요. 때문에 원자로의 구조재로 이용돼요. 산화 지르코늄(ZrO_2)이나 규산 지르코늄의($ZrSiO_4$) 분말을 구워서 굳힌 세라믹스는 강하기 때문에 칼로 만들어 주방에서 사용해요. 보석 지르코늄은 규산 지르코늄의 단결정이에요.

하프늄 Hf

하프늄은 녹는점이 높으며, 고온에서의 내부식성이 뛰어난 금속이에요. 때문에 하프늄 합금은 **초강력 내열 합금**이라고 불릴 정도예요. 지르코늄과 반대로 중성자를 흡수하는 능력이 크기 때문에 원자로의 중성자 제어재로 이용돼요.

	타이타늄	지르코늄	하프늄
비중	4.54	6.51	13.3
녹는점(℃)	1660	1852	2230
색	은색	은색	회색

4족

제1주기

—

–

–

제2주기

—

–

–

제3주기

—

–

–

제4주기

22 Ti

타이타늄

$3d^24s^2$

경금속

제5주기

40 Zr

지르코늄

$4d^25s^2$

–

제6주기

72 Hf

하프늄

$5d^26s^2$

–

제7주기

104 Rf

러더포듐

$6d^27s^2$

초우라늄 원소

범례

금속 고체

전자 배치

비고

5 CHAPTER 4 SECTION

5족 원소의 특징과 용도 ……V, Nb, Ta

바나듐 V

바나듐은 지각 중에 23번째로 많은 원소예요. 광물 덩어리(광상)를 만들지 않기 때문에 한 곳에 저장되어 있지 않고 채굴하기도 쉽지 않아요. 해산물인 멍게에 고농도로 존재한다고 알려져 있어요. 또 석유에도 존재하기 때문에 석유의 생물 기원설을 뒷받침하기도 해요. 바나듐은 사람에게 꼭 필요한 원소는 아니지만 당뇨병에 효과가 있다는 주장도 있어요. 강철에 소량의 바나듐을 섞은 합금은 **바나듐강**이라 불리며 고강도 철강으로 알려져 있어요.

나이오븀 Nb

일부 금속의 전기 저항은 절대 온도(K)로 낮은 온도가 되었을 때 **제로**가 돼요. 이때의 온도를 **임계 온도**라고 하고 이러한 상태를 **초전도 상태**라고 해요. 나이오븀은 모든 원소 중에서 최고의 임계 온도를 가지기 때문에 초전도 재료로 이용돼요. 열전소자의 재료로 쓰여서 열 에너지를 전기 에너지로 바꾸기 때문에, 엔진 혹은 연료 전지에서 배출되는 열을 전기 에너지로 바꿀 수 있을 것으로 기대되고 있어요.

탄탈럼 Ta

탄탈럼과 타이타늄의 합금은 가공성이 뛰어나고 생체 친화성도 높아서 인공 관절이나 임플란트에 이용돼요.

	바나듐	나이오븀	탄탈럼
비중	6.11	8.57	16.7
녹는점(℃)	1910	2468	2996
색	은백색	회색	푸른 회색

5족

제1주기
—
-
-
제2주기
—
-
-
제3주기
—
-
-
제4주기
23 V
바나듐
$3d^34s^2$
-
제5주기
41 Nb
나이오븀
$4d^45s^1$
-
제6주기
73 Ta
탄탈럼
$5d^36s^2$
-
제7주기
105 Db
더브늄
$6d^37s^2$
초우라늄 원소

나이오븀(Nb)의 전자 배치

K껍질	L껍질	M껍질			N껍질			O껍질
		3s	3p	3d	4s	4p	4d	5s
2	8	2	6	10	2	6	4	1

5s 오비탈에 **1개**밖에 들어 있지 않은 이유는 뭘까?

오비탈 에너지 준위에서는 **5s의 정원 2개**를 채워야만 4d에 전자가 들어가요(제2장 2-7참조). 실제로 아래 전자 배치가 기본이에요.

하지만 5s 오비탈과 4d오비탈의 **에너지 차이**는 매우 작아서 전자는 간단하게 **전이**해요.

높은 에너지의 d오비탈로 전이되어도 **원자 전체**로의 에너지를 낮게 억제할 수 있다면, 원자의 바닥 상태를 유지하는 것이 가능해요.

4d -(↑)(↑)(↑)( )( )-
5s -(↑↓)- 가득!

→

4d -(↑)(↑)(↑)(↑)( )-
5s -(↑)- 전이
} 가깝다

전자가 안쪽 껍질로 전이되는 경우

요인 1 **가장 바깥 껍질에 있는 전자가 반발할 경우**

d오비탈 -(↑)(↑)( )( )( )-
s오비탈 -(↑)- (↑↓) 짝은 반발이 강하다

요인 2 **전자 스핀의 방향을 같게 하여 안정화될 경우**
(특히 d오비탈 전자가 5, 10이면 안정)

d오비탈 -(↑)(↑)(↑)(↑)(↑)-
s오비탈 -(↑)-

요인 3 **d오비탈의 전자에 의한 차폐로 s오비탈과의 에너지 차이가 줄어들 경우**

상대적으로 d오비탈이 내려간다
d오비탈 -(↑↓)(↑↓)(↑↓)(↑)(↑)-
s오비탈 -(↑↓)-

범례
금속 | 고체
전자 배치
비고

5 CHAPTER 5 SECTION

6족 원소의 특징과 용도 ……Cr, Mo, W

크로뮴 Cr

크로뮴은 단단하고 아름다워요. 또한 산화되었을 때 부동태를 만들어 더 이상의 산화를 막아요. 때문에 도금에 이용되거나, 니켈(Ni)과 철(Fe)과의 합금은 스테인리스로 이용돼요.

크로뮴은 다양한 산화 상태를 갖는데 3가 크로뮴 Cr^{3+}은 인간에게 꼭 필요한 원소예요. 하지만 6가 크로뮴 Cr^{6+}은 매우 해로우며, 4가 크로뮴 Cr^{4+}은 발암성이 있는 것으로 추측돼요.

몰리브데넘 Mo

몰리브데넘과 철의 합금은 기계적인 강도가 뛰어나며, 구리와의 합금은 전기 전도성과 온도 특성(온도 변화로 인해서 생기는 특성의 변화)이 뛰어나요. 때문에 몰리브데넘의 90%는 이들과의 합금 재료로 사용돼요. 몰리브데넘은 인체의 필수 원소이며 각종 효소, 특히 산화 효소에 포함되어 있어요.

텅스텐 W

텅스텐은 백열 전구의 필라멘트 코일로 유명해요. 텅스텐은 경도가 7.5로 금속 중에서는 특이하게 단단해요. 또 탄화 텅스텐의 경도는 9인 것도 있어서 채굴용 공구나 볼펜의 볼에 이용돼요. 철이나 코발트(Co)와의 합금은 초경합금(hard metal)으로 각종 기계 공구에 이용돼요.

	크로뮴	몰리브데넘	텅스텐
비중	7.19	10.22	19.3
녹는점(℃)	1907	2617	3422
색	은백색	회색	은백색

6족

제1주기
—
제2주기
—
제3주기
—
제4주기
24 Cr 크로뮴 $3d^5 4s^1$
제5주기
42 Mo 몰리브데넘 $4d^5 5s^1$
제6주기
74 W 텅스텐 $5d^4 6s^2$
제7주기
106 Sg 시보귬 $6d^4 7s^2$ 초우라늄 원소

범례
금속 고체
전자 배치
비고

6족의 Cr이온은 다양한 산화수로 안정되어 있어요. **'안정'**이란 무엇일까요?

크로뮴(Cr)의 전자 배치

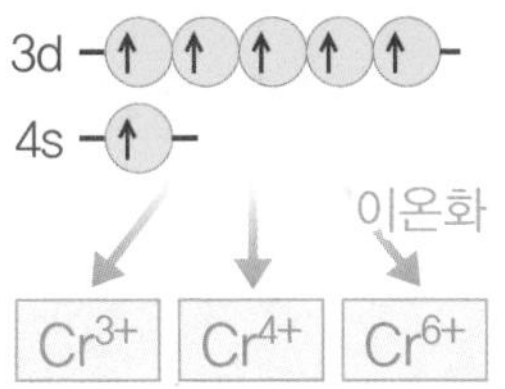

※**Cr의 전자 배치**에 대해서 앞에서(5-4) 살펴본 요인 2 의 경우처럼 3d오비탈에 5개의 전자가 배열된다.

(모든 d오비탈에 전자가 1개씩 들어가는 상태를 **'반만 닫힌 껍질'**이라고 하며 이것도 비교적 안정된 배치이다.)

안정성이 다양하게 나타나는 이유는 무엇일까? 힌트는 바로 **'착물'**에 있어요. Cr의 경우 배위자는 6개, 즉 6개의 정점에서 입체화해요.

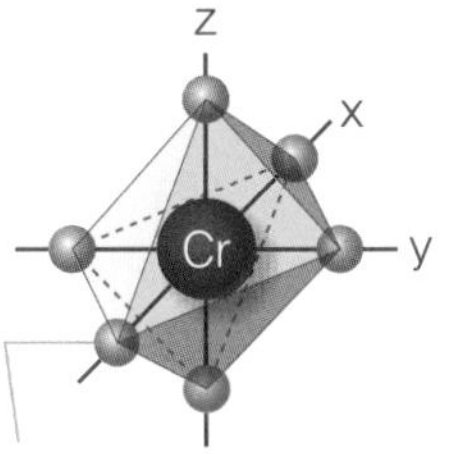

x, y, z축 위에 6개의 정점을 갖는 정팔면체 구조

이때 d오비탈이 갖는 방향을 재확인하면 (제1장 1–8 참조) 5개 중에서 2개의 오비탈은 배위자와 마찬가지로 **x, y, z축 위**에 있어요.

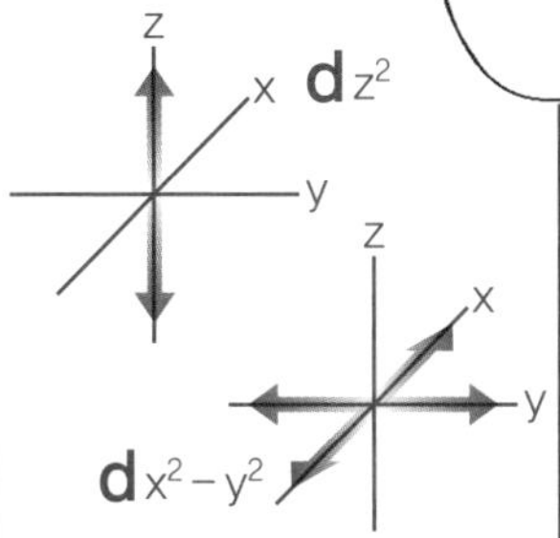

Cr의 d오비탈과 배위자의 전자는 같은 축 위에서 충돌해 버려요!

그러면 충돌한 2개의 d오비탈은 높은 에너지 상태로 나누어 져요.

d오비탈의 에너지 분열

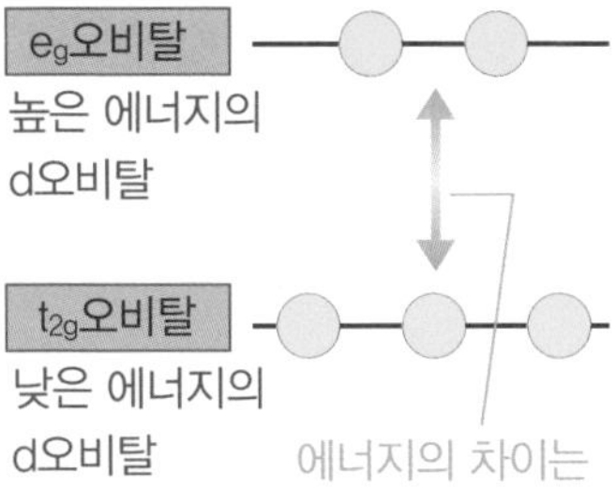

이렇게 해서 닫힌 껍질과 반 닫힌 껍질이라는 안정적인 경우가 증가해요. 예를 들어 3가 크로뮴이라면 남은 3개의 전자가 t_{2g} 오비탈을 반 닫힌 껍질로 안정시켜요.

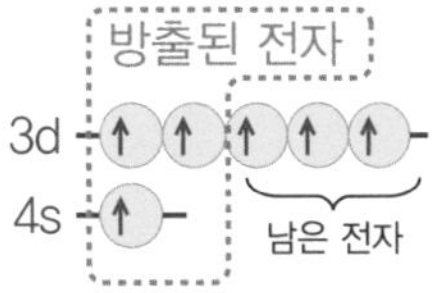

5 CHAPTER 6 SECTION

7족 원소의 특징과 용도 ……Mn, Tc, Re

망가니즈 Mn

망가니즈는 망가니즈 건전지 재료로 유명해요. 망가니즈와 철의 합금은 망가니즈강이라 불리는데, 칼날이 잘 들어서 면도날 등에 이용돼요.

망가니즈는 직경 수 cm에서 수십 cm의 단괴※ 상태로 뭉쳐져서 바닷속 깊은 곳에 가라 앉아 있다고 알려져 있어요. 하지만 아직 상업적인 채굴은 하지 않고 있어요.

테크네튬 Tc

테크네튬은 불안정한 원소이며 방사선을 방출하여 다른 원소로 변해 버려요. 이러한 변화를 **원자핵 붕괴**라고 해요. 테크네튬의 반감기는 가장 긴 동위체라도 420만 년에 불과해요. 그래서 지구상의 자연계에는 존재하지 않아요. 필요할 때는 원자로 등에서 인공적으로 합성해요.

레늄 Re

레늄의 녹는점은 텅스텐(W) 다음으로 모든 원소 중에서 2번째로 높으며 비중은 4번째로 커요. 로켓의 노즐이나 고온 측정용 열전쌍(thermocouple)으로 이용되고 있어요.

	망가니즈	테크네튬	레늄
비중	7.44	11.5	21.02
녹는점(℃)	1244	2172	3180
색	은백색	은백색	회색

※ 역자 주: 단괴 – 퇴적암 속에서 어떤 특정 성분이 농축 · 응집되어 주위보다 단단해진 덩어리

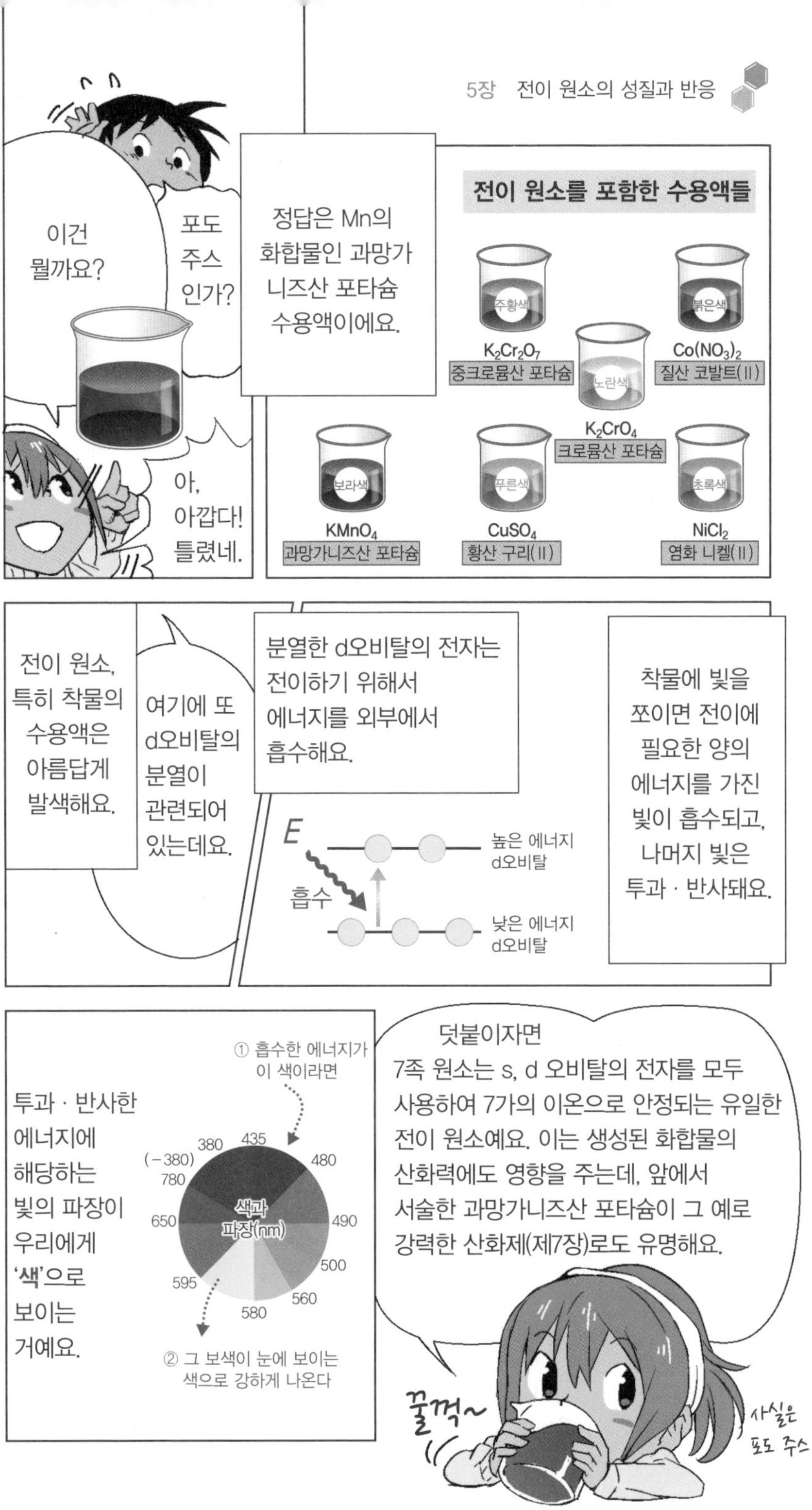
이건 뭘까요?
포도 주스인가?
아, 아깝다! 틀렸네.
정답은 Mn의 화합물인 과망가니즈산 포타슘 수용액이에요.
전이 원소를 포함한 수용액들
주황색
$K_2Cr_2O_7$
중크로뮴산 포타슘
노란색
K_2CrO_4
크로뮴산 포타슘
붉은색
$Co(NO_3)_2$
질산 코발트(II)
보라색
$KMnO_4$
과망가니즈산 포타슘
푸른색
$CuSO_4$
황산 구리(II)
초록색
$NiCl_2$
염화 니켈(II)
전이 원소, 특히 착물의 수용액은 아름답게 발색해요.
여기에 또 d오비탈의 분열이 관련되어 있는데요.
분열한 d오비탈의 전자는 전이하기 위해서 에너지를 외부에서 흡수해요.
E
흡수
높은 에너지 d오비탈
낮은 에너지 d오비탈
착물에 빛을 쪼이면 전이에 필요한 양의 에너지를 가진 빛이 흡수되고, 나머지 빛은 투과 · 반사돼요.
투과 · 반사한 에너지에 해당하는 빛의 파장이 우리에게 '색'으로 보이는 거예요.
① 흡수한 에너지가 이 색이라면
380 435 480 490 500 560 580 595 650 780 (−380)
색과 파장(nm)
② 그 보색이 눈에 보이는 색으로 강하게 나온다
덧붙이자면 7족 원소는 s, d 오비탈의 전자를 모두 사용하여 7가의 이온으로 안정되는 유일한 전이 원소예요. 이는 생성된 화합물의 산화력에도 영향을 주는데, 앞에서 서술한 과망가니즈산 포타슘이 그 예로 강력한 산화제(제7장)로도 유명해요.
꿀꺽~
사실은 포도 주스

5 CHAPTER 7 SECTION

8족 원소의 특징과 용도 ……Fe, Ru, Os

철 Fe

철은 기원전 13~16세기에 히타이트에서 처음으로 제련되었다고 전해져요. 그 이후 철은 인류 역사를 유지하고 지켜오는 데 막대한 영향을 끼쳤어요. 철은 전쟁터의 무기, 각종 기계와 교통 차량에 이용되었고, 이외에도 철근이나 철강은 건축물의 구조재로 빼놓을 수 없어요. 최근에는 자성 재료를 기초로 하여 현대의 정보화 사회에 버팀목 역할을 해주고 있어요. 인체에 중요한 필수 원소이며 적혈구의 헤모글로빈에서 산소를 운반하는 역할을 담당하여 호흡을 유지시켜줘요.

루테늄 Ru

루테늄은 아름답지는 않지만 반응성이 약하고 안정된 금속이기 때문에 화학적으로 **귀금속**으로 분류돼요. 컴퓨터 하드디스크의 자성층에 사용하면 기억 용량이 늘어나요. 유기 화합 합성에 있어서 촉매로도 이용되며, 2001년과 2005년에 루테늄을 사용한 유기 화학 연구에 노벨 화학상※이 수여되었어요.

오스뮴 Os

오스뮴은 모든 원소 중에서 가장 큰 비중을 가져요. 냄새가 강렬해서 그리스어로 '냄새'를 의미하는 오스뮴이라 이름 붙여졌어요. 유기 화학 반응의 산화제로 이용돼요.

	철	루테늄	오스뮴
비중	7.87	12.37	22.57
녹는점(°C)	1535	2310	3045
색	은백색	은백색	푸른 회색

※ 2001년 노요리 료지(野依良治), 윌리엄 스탠디시 놀스(William Standish Knowles), 칼 배리 샤플리스(Karl Barry Sharpless), 2005년 이브 쇼뱅(Yves Chauvin), 로버트 H 그럽스(Robert H. Grubbs), 리처드 슈록(Richard R. Schrock)

8족

제1주기

—

-

-

제2주기

—

-

-

제3주기

—

-

-

제4주기

26 Fe

철

$3d^6 4s^2$

철족

제5주기

44 Ru

루테늄

$4d^7 5s^1$

백금족

제6주기

76 Os

하프늄

$5d^6 6s^2$

백금족

제7주기

108 Hs

하슘

$6d^6 7s^2$

초우라늄 원소

범례

금속 고체

전자 배치

비고

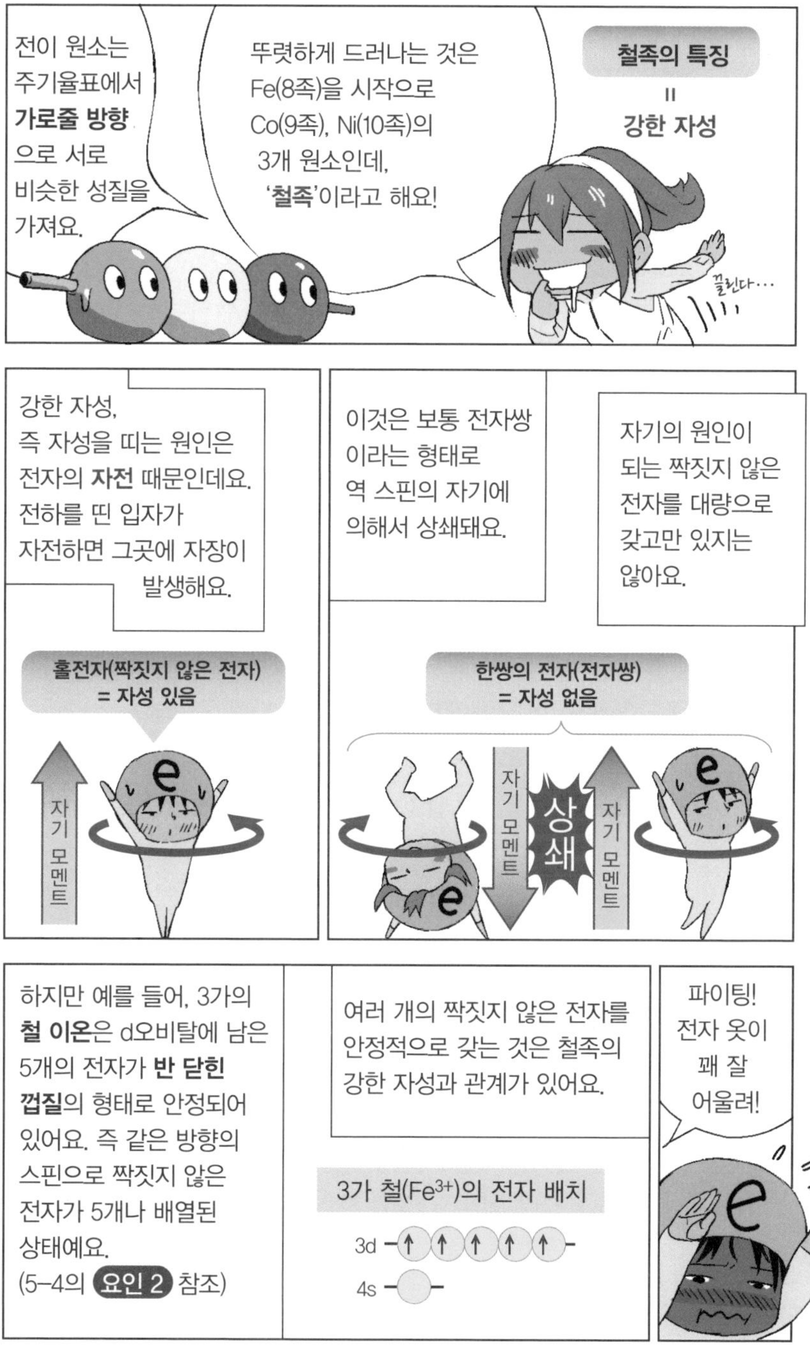

5 CHAPTER 8 SECTION

9족 원소의 특징과 용도 ……Co, Rh, Ir

코발트 Co

코발트와 철의 합금은 강도 및 내열성이 뛰어나서 굴삭 공구나 가스 터빈(gas turbine)의 노즐 등에 이용돼요. 코발트 합금은 강한 자성을 가지고 있어서 강력 영구 자석의 원료로 사용돼요. 도자기 등에 그려진 푸른 안료에도 코발트가 들어 있어요.

천연 코발트는 ^{60}Co이며 원자로에서 만들어진 ^{59}Co는 β선을 내요. 이 β선을 감자에 쏘이면 유독 성분인 솔라닌이 든 싹이 나오지 않게 되어 보존에 이용되기도 해요.

로듐 Rh

로듐은 백금(Pt), 팔라듐(Pd)과 더불어 촉매 재료로 이용되고 있어요(**3원 촉매**). 3원 촉매란 자동차의 배기 가스에 포함된 미연소된 탄화 수소를 완전 연소시켜, 일산화 탄소(CO)를 이산화 탄소(CO_2)로 만들어요. 또한 질소 산화물 NOx를 분해하여 질소(N_2)와 산소(O_2)로 만드는 촉매예요. 한마디로 배기 가스를 깨끗하게 해주어요.

이리듐 Ir

이리듐은 모든 금속 중에서 가장 부식에 강하다고 알려져 있어요. 그래서 백금과의 합금은 킬로그램 원기나 미터 원기에 이용되어 왔어요. 만년필의 펜촉이나 자동차의 점화 플러그 재료로도 중요해요.

	코발트	로듐	이리듐
비중	8.90	12.41	22.42
녹는점(°C)	1495	1966	2410
색	회색	은백색	회색

9족

주기	원소
제1주기	—
제2주기	—
제3주기	—
제4주기	27 Co 코발트 $3d^74s^2$ 철족
제5주기	45 Rh 로듐 $4d^85s^1$ 백금족
제6주기	77 Ir 이리듐 $5d^76s^2$ 백금족
제7주기	109 Mt 마이트너륨 $6d^77s^2$ 초우라늄 원소

범례: 금속 / 고체 / 전자 배치 / 비고

	8족	9족	10족	
4주기	Fe	Co	Ni	철족 (3종류)
5주기	Ru	Rh	Pd	백금족 (6종류)
6주기	Os	Ir	Pt	

백금족의 특징

- 비중이 크고 녹는점도 높다
- 물과 반응하지 않고 산에도 염기에도 반응하기 어렵다 (산 · 염기는 제7장 참조)

→ 반응성이 낮은 금속 원소이다.

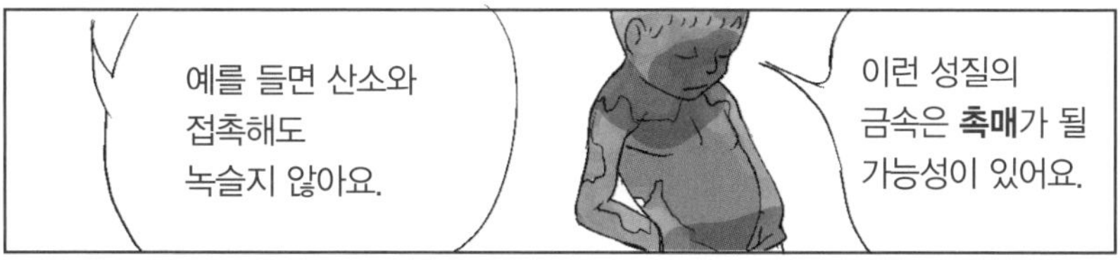

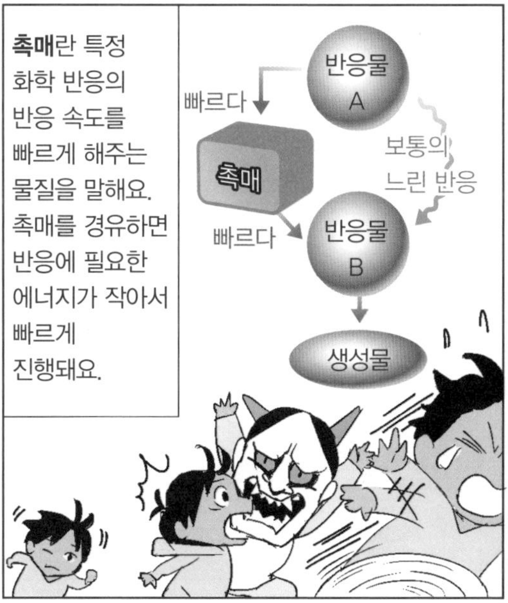

5 CHAPTER
9 SECTION

10족 원소의 특징과 용도 ……Ni, Pd, Pt

니켈 Ni

니켈은 다양한 합금에 이용되어 왔어요. 구리(Cu)와의 합금은 백동으로 불리며 동전을 만드는 데 이용돼요. 철(Fe), 크로뮴(Cr)과의 합금이 스테인리스예요. 철과의 합금은 '인바 합금(invar)'이라 불리며 열팽창이 적기 때문에 시계를 만들기도 해요. 또 철(Fe), 몰리브덴(Mo)과의 합금은 퍼멀로이(permalloy)라 불리며 변압기의 철심에 이용돼요.

니켈은 니켈-카드뮴 전지나 니켈 수소 전지의 원료로도 중요해요. 그리고 금속 알레르기를 일으키기 쉬운 금속으로도 알려져 있어요.

팔라듐 Pd

팔라듐과 수은의 합금은 아말감이라 불리며 예전에는 치과 치료의 재료로 이용되었어요. 수소 가스를 흡수하는 성질이 있어서 자신의 부피보다 940배나 되는 부피의 수소를 흡수할 수 있어요.

백금 Pt

희고 아름다운 광택을 가진 백금은 금과 은과 함께 귀금속으로 많은 사랑을 받고 있어요. 3원 촉매의 원료 외에도, 수소 연료 전지의 촉매나 유기 화학에서의 수소 첨가 반응의 촉매 등 각종 촉매로도 중요한 역할을 해요. 또 항암제의 원료로도 이용돼요. 하지만 매장량이 적어서 유사 이래 인류가 얻은 백금량은 $6m^3$에 지나지 않는다고 알려져 있어요.

	니켈	팔라듐	백금
비중	8.90	12.02	21.45
녹는점(℃)	1453	1555	1772
색	은백색	은백색	은백색

10족

제1주기
—
–
–
제2주기
—
–
–
제3주기
—
–
–
제4주기
28 Ni
니켈
$3d^8 4s^2$
철족
제5주기
46 Pd
팔라듐
$4d^{10}$
백금족
제6주기
78 Pt
백금
$5d^9 6s^1$
백금족
제7주기
110 Ds
다름슈타튬
$6d^9 7s^1$
초우라늄 원소

범례
금속 고체
전자 배치
비고

8족부터 10족까지가 철족 · 백금족의 그룹이에요. 전자 배치를 확인해볼게요.

10족의 전자 배치

원소	안쪽 껍질	가장 바깥 껍질
Ni	$3d^8$	$4s^2$
Pd	$4d^{10}$	–
Pt	$5d^9$	$6s^1$

s오비탈부터 d오비탈에 이르는 전이의 방법은 다양하기 때문에 전자 배치는 모두 달라요.(5–4 참조)

(그런 의미에서 가장 전이 원소다운 족)

Pt(백금)은 '플라티나'라는 보석으로 알려져 있어요.

하지만 금속 중에서도 특히 **이온화 경향**이 작고, 화학적으로 안정된 Pt를 단지 장식용으로만 사용하는 것은 실은 좀 아까워요…….

Pt

끝에서 두번째로 작은 이온화 경향 (제7장 7–10 참조)

촉매로서의 유용성

Pt의 공업적인 이용으로 유명한 것이 **'3원 촉매'**인데 백금족의 합금에 의한 촉매로, 배기 가스 정화에 사용되고 있어요.

3원 촉매
Rh 로듐
Pd 팔라듐
Pt 백금
(합금)

'3원 촉매'라는 이름은 **3종류의 유해 물질을 동시에 제거 가능**하다는 것을 의미해요. 반응 경로는 복잡하지만 디젤 엔진의 유해 물질을 없애주는 효과 만점의 굉장한 촉매예요.

(배기 가스에 포함된 유해 물질) (유해 물질을 없애줌)

C_nH_m (탄화 수소) $\xrightarrow{O_2}$ $CO_2 + H_2O$

CO (일산화 탄소) $\xrightarrow{O_2}$ CO_2

NOx (질소 산화물) $\longrightarrow$ $N_2 + O_2$

5 CHAPTER 10 SECTION

11족 원소의 특징과 용도 ……Cu, Ag, Au

구리 Cu

구리는 붉고 부드러운 금속이에요. 높은 전기 전도성을 갖기 때문에 전선으로 이용돼요. 각종 합금을 만들고 백동(니켈 Ni과의 합금), 청동(주석 Sn과의 합금), 황동(아연 Zn과의 합금) 등이 우리에게 잘 알려져 있어요. 구리는 녹이 슬면 $CuCO_3 \cdot Cu(OH)_2$를 주성분으로 하는 청록색의 녹청이 돼요. 초콜릿 색의 청동 제품 역시 녹슬면 청록색으로 변하기 때문에 '청동'이라고도 불려요.

은 Ag

금속 중에서 가장 희다고 알려져 있어요. 모든 금속 중에서 가장 높은 전기 전도도를 가져요. 강한 살균 작용이 있어서 살균제로도 이용돼요. 황과 반응하면 검게 변색되기 때문에 동서양의 사람들은 은이 독의 유무를 판별해 준다고 믿어왔어요. 유럽에서 은식기가 발전한 것도 이런 이유라고 해요.

금 Au

황금색의 아름다운 금속이에요. 전성과 연성이 뛰어나 1g의 금으로 약 3,000m의 긴 줄을 만들 수 있어요. 금박을 만들면 0.1μm(0.0001mm)로 얇게 가공할 수 있어요. 안정되어 있어서 화학적인 용도는 적었지만, 최근 류마티스 약으로 개발되면서 새롭게 주목 받고 있어요.

	구리	은	금
비중	8.96	10.50	19.32
녹는점(℃)	1084	962	1064
색	붉은색	은백색	황금색

11족

제1주기

—

제2주기

—

제3주기

—

제4주기

29 Cu 구리 $3d^{10}4s^1$

제5주기

47 Ag 은 $4d^{10}5s^1$ 귀금속

제6주기

79 Au 금 $5d^{10}6s^1$ 귀금속

제7주기

111 Rg 뢴트게늄 $6d^97s^2$ 초우라늄 원소

범례: 금속 / 고체 / 전자 배치 / 비고

11족의 d오비탈은 s오비탈에서 전이가 일어난 결과 정원이 꽉 차 있어요.

11족의 전자 배치

원소	안쪽 껍질	가장 바깥 껍질
Cu	$3d^{10}$	$4s^1$
Ag	$4d^{10}$	$5s^1$
Au	$5d^{10}$	$6s^1$

① 안쪽 껍질이 닫힌 껍질
② 1가의 이온이 된다

1족 원소와 비슷한 성질?

1족과 비슷한 성질은 나타나지 않아요. 왜냐하면 이러한 이유로 닫힌 d오비탈에서는 **차폐 효과**가 약하기 때문이에요. 원자 반경 역시 1족과 비교했을 때 훨씬 작고 줄어요.

다시 말해서 10족의 백금(Pt)과 마찬가지로 전자를 떼어 내기 어렵고, 이온화 경향이 작은 원소예요.

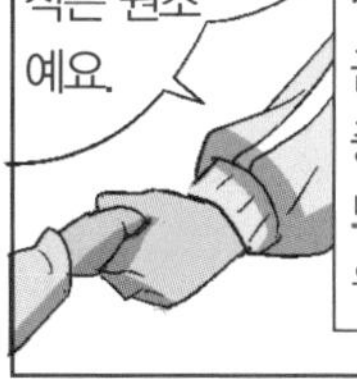

전이 금속 중에서 전자가 가장 많은 금(Au)은 모든 금속 중에서 **가장 이온이 되기 어려운** 원소예요.

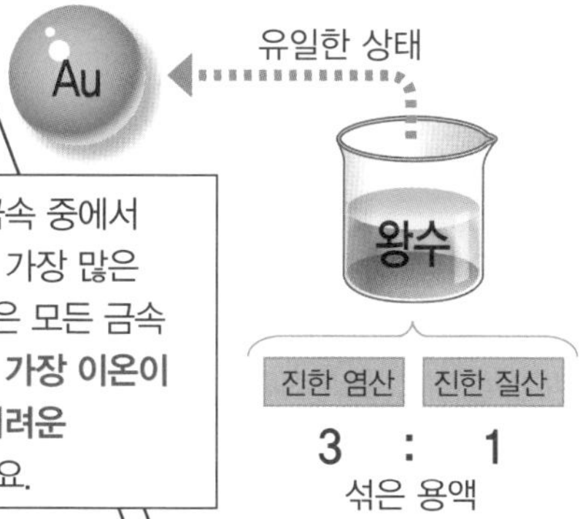

금(Au)과 백금(Pt)을 녹이기 위해서는 '금속의 왕'도 녹여 버리는 **왕수**의 산화력을 빌릴 수밖에 없어요.

전이 원소는 안쪽 껍질이 텅 비어서 쓸쓸할 것 같지? 하지만 그것이 신비한 안정성을 만들어내. 무기 화학에서는 원소들 모두가 제 몫을 하고 있어서 혼자 외로워하는 원소는 아마 없을 거야.

Column

화이트 골드

보석점에 가면 다양한 귀금속을 볼 수 있어요. 금(Au), 백금(Pt), 은(Ag), 화이트 골드 등이에요. 그런데 화이트 골드는 무엇일까요? 직역하면 백금인데 화이트 골드와 백금은 다른 물질이에요.

화이트 골드를 우리말로 번역하면 '백색금'이에요. 금을 중심으로 한 합금이므로 다른 귀금속처럼 대응하는 원소 기호가 없어요.

금은 K(캐럿)으로 표기해요. 합금의 순도를 표시하는 것으로 순금은 24캐럿(K)이에요. 18캐럿은 순도 75%의 금이라는 의미예요. 화이트 골드에도 K 표시가 되어 있어요. 14K라면 60% 정도가 금이고 나머지는 은이나 니켈 등이라는 의미예요.

일본 나고야 성의 지붕에 설치된 잉어 모양의 샤치는 건축 당시, 금 18K로 만들어졌다고 해요. 하지만 이후 지방의 재정 상태가 어려워지자 몇 번에 걸쳐 다시 주조되어서, 제2차 세계대전이 끝날 무렵에는 8K가 되었다고 해요. 재정적 압박에 어쩔 수 없이 문화재에도 손을 대게 된 것이죠.

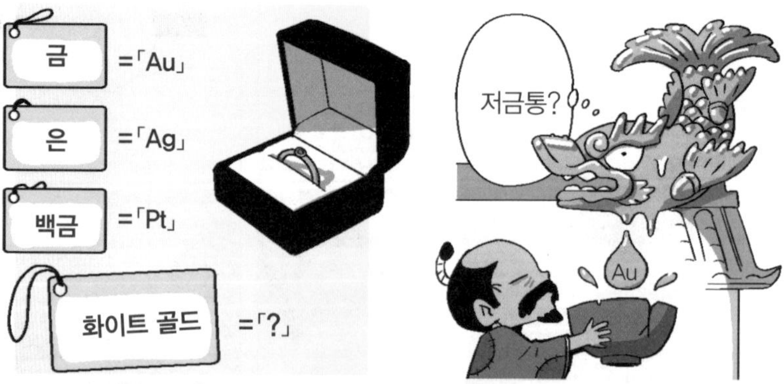

제 6 장

물질의 상태와 성질

물은 저온에서는 고체(결정)인 얼음, 실온에서는 액체, 고온에서는 기체인 수증기가 돼요. 이처럼 고체, 액체, 기체를 분자의 '상태'라고 하며, 이 세 가지를 '물질의 세 가지 상태'라고 해요. 같은 물질(분자)이라도 온도나 압력에 따라서 상태가 달라요. 물질의 상태는 '세 가지 상태' 이외에도 유리처럼 비결정(amorphous), 텔레비전, 휴대 전화 등에 사용되는 액정 등이 있어요.

6 CHAPTER
1 SECTION

고체, 액체, 기체의 차이점은 무엇일까?

물질의 세 가지 상태

물은 저온일 때 고체 상태인 얼음이 되지만, 가열하면 0℃의 녹는점에서 녹아서 액체가 되고, 더 가열하면 100℃의 끓는점에서 기체인 수증기가 돼요(1기압일 때). 이와 같은 고체, 액체, 기체를 **물질의 세 가지 상태**라고 해요.

많은 물질의 고체는 **결정**을 이루고 있어요. 각각의 상태에서 분자의 **배열** 상태를 아래 그림에 나타냈어요. 결정에서는 분자가 정해진 위치에 정해진 방향을 향해서 배열되어 있어요. 하지만 액체 상태에서는 이러한 규칙성이 없어지고 분자는 돌아다녀요. 기체 상태에서 분자는 제트기 같은 속도로 날아 다녀요.

물질의 상태는 온도에 따라 변화한다

물질의 상태는 온도에 따라 변화해요. 상태의 변화에 각각 이름이 정해져 있듯이 상태 변화가 일어나는 온도에도 이름이 있어요. 많은 물질이 결정 → 액체 → 기체와 같이 변화하는데, 드라이아이스나 방충제는 결정에서 갑자기 기체로 변화해요. 이와 같은 변화를 **승화**라고 해요.

상태		고체(결정)	액체	기체
규칙성	위치	○	×	×
	배향	○	×	×
배열 모식도				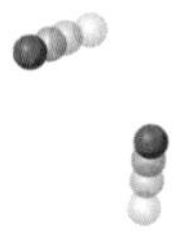

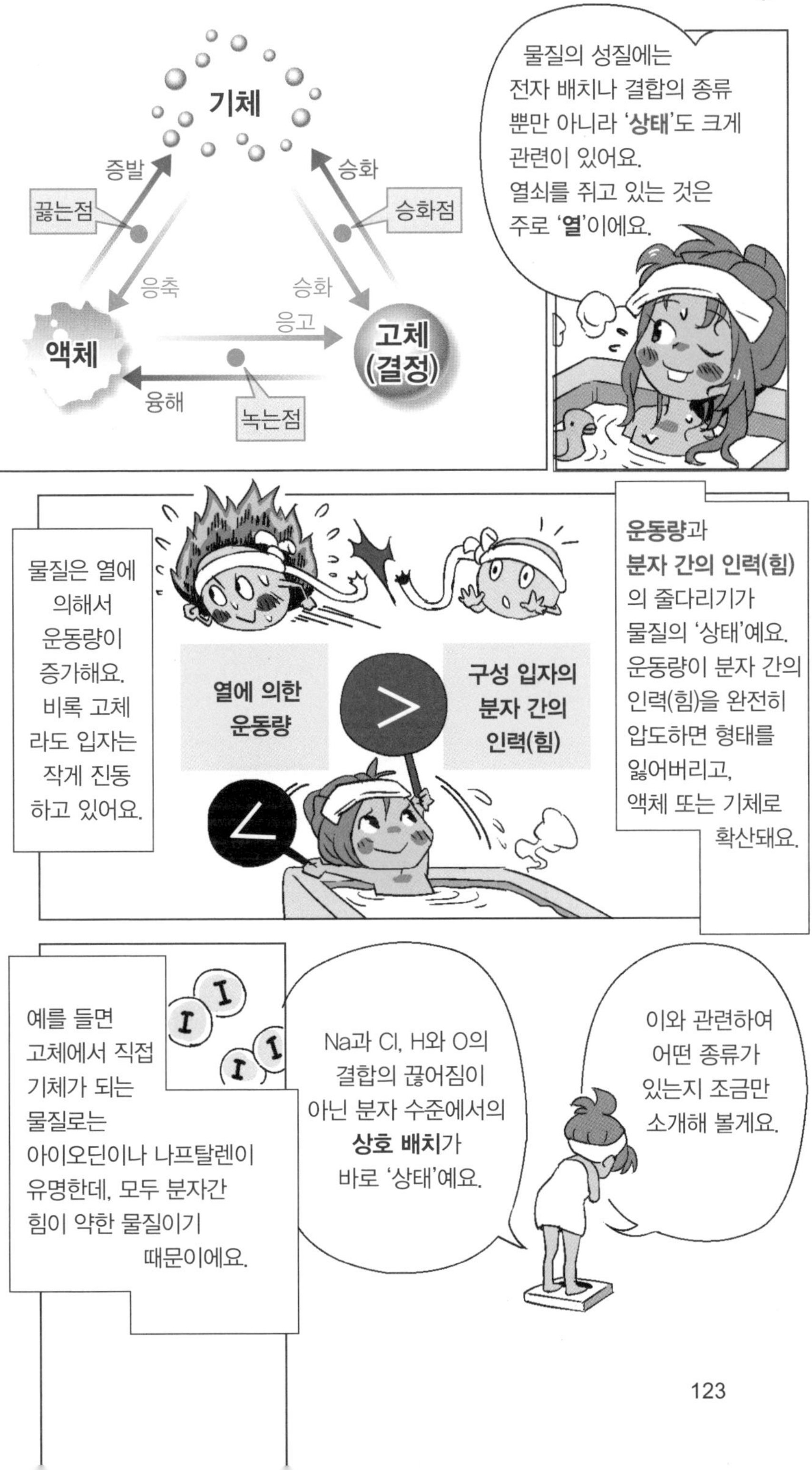
기체
증발
끓는점
응축
승화
승화점
승화
응고
액체
고체 (결정)
융해
녹는점
물질의 성질에는 전자 배치나 결합의 종류 뿐만 아니라 '상태'도 크게 관련이 있어요. 열쇠를 쥐고 있는 것은 주로 '열'이에요.
물질은 열에 의해서 운동량이 증가해요. 비록 고체라도 입자는 작게 진동하고 있어요.
열에 의한 운동량
>
구성 입자의 분자 간의 인력(힘)
<
운동량과 분자 간의 인력(힘)의 줄다리기가 물질의 '상태'예요. 운동량이 분자 간의 인력(힘)을 완전히 압도하면 형태를 잃어버리고, 액체 또는 기체로 확산돼요.
예를 들면 고체에서 직접 기체가 되는 물질로는 아이오딘이나 나프탈렌이 유명한데, 모두 분자간 힘이 약한 물질이기 때문이에요.
I
I
I
I
Na과 Cl, H와 O의 결합의 끊어짐이 아닌 분자 수준에서의 상호 배치가 바로 '상태'예요.
이와 관련하여 어떤 종류가 있는지 조금만 소개해 볼게요.

결정의 대표적인 종류

결정에는 다양한 종류가 있어요. 결정을 만드는 입자, 원자나 분자의 결정 상태에 따라서 나눌 수 있어요. 대표적인 것은 다음과 같아요.

이온 결정

제3장 3-2에서 살펴본 염화 소듐의 결정과 같이 양이온과 음이온이 만드는 결정이에요. 모든 이온은 이온 결합에 의해서 결합해요.

금속 결정

철이나 금처럼 금속이 만드는 결정이에요. 질서정연하게 쌓인 금속 이온 주위를 자유 전자의 전자 구름이 채우고 있어요.

분자 결정

얼음(물 분자)이나 드라이 아이스(이산화 탄소)처럼 분자가 만드는 결정이에요. 설탕이나 화학 조미료(글루타민산 소듐)와 같은 유기물이 만드는 결정은 거의 모두가 분자 결정이에요.

공유 결합 결정

앞에서 살펴본 다이아몬드와 같이 결정을 만드는 모든 원자가 공유 결합으로 결합하는 결정이에요.

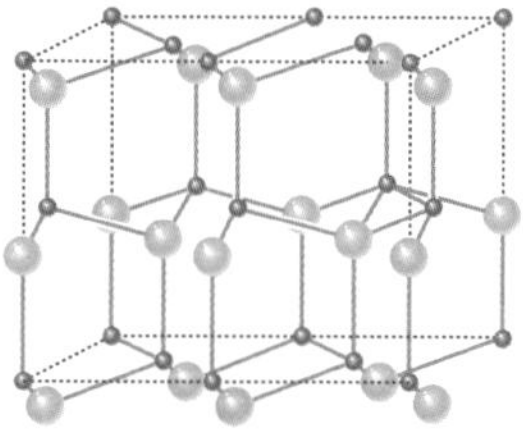

황화 아연 ZnS

이온 결정

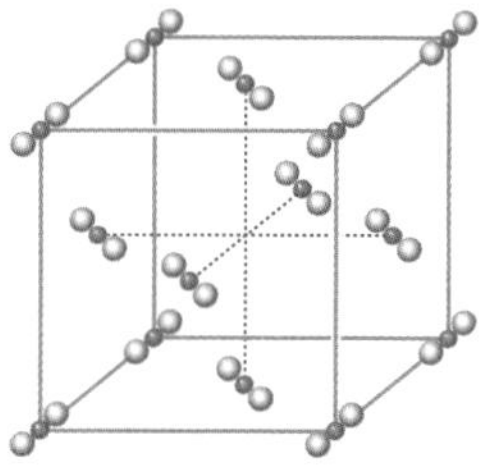

이산화 탄소 CO_2

분자 결정

결정		결합력	녹는점	전기 전도성	수용성
공유 결정		공유 결합	높다	× (흑연은 ◎)	×
이온 결정		이온 결합	↑	× (액체 · 수용액은 ◎)	◎
금속 결정		금속 결합		◎	×
분자 결정	극성 분자	수소 결합	↓	×	녹기 쉽다
	비극성 분자	분자간 힘	낮다	×	녹기 어렵다

이온 결정의 구조는 이온의 크기로 정해진다

양이온의 크기	대	중	소
배위수 (1개의 입자에 접근하는 입자 수)	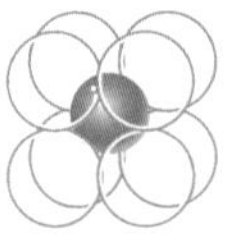 8배위	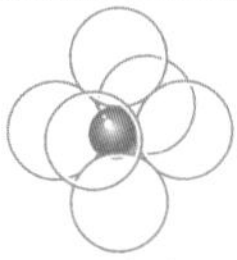 6배위	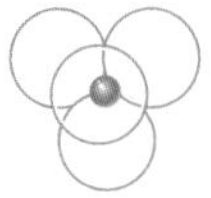 4배위
예	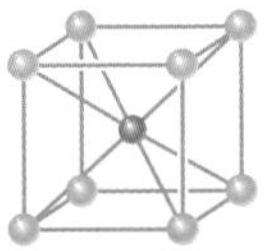 8배위 염화 세슘	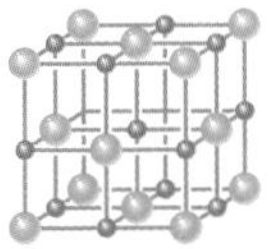 6배위 염화 소듐	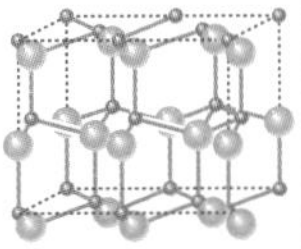 4배위 황화 아연
단위 격자	체심 입방 격자	면심 입방 격자	육방 정계

6 CHAPTER 3 SECTION

금속의 결정 구조는 3종류이다.

금속 결정의 공간 점유율

금속 결정에는 아래 그림과 같이 3종류의 결정 구조가 있어요. 금속은 이 중에서 어느 한 쪽을 취하지만 주석(Sn)과 같이 온도에 따라서 다른 결정 형태를 취하는 것도 있어요.

금속 결정을 만드는 금속 이온은 구 형태이기 때문에 아무리 채워져도 빈틈이 꼭 생겨요. 즉 모든 공간의 20% 이상이 비어 있어요. 모든 공간 안에 실제로 구 형태가 차지하는 비율을 **공간 점유율**이라고 해요.

결정형은 단위 격자로 구별한다

결정형에는 여러 가지가 있는데 모든 결정은 **단위 격자**라 불리는 구조 단위가 반복된 것이라고 볼 수 있어요.

자연계에는 14종류의 단위 격자가 있다고 알려져 있으며, 발견자의 이름을 따서 **브라베 격자**(Bravais Lattice)라고 해요. 각 브라베 격자는 변 길이의 비 a, b, c와 3개의 각도 α, β, γ로 표시할 수 있어요. 이러한 수치를 **격자 상수**라고 해요.

결정 구조	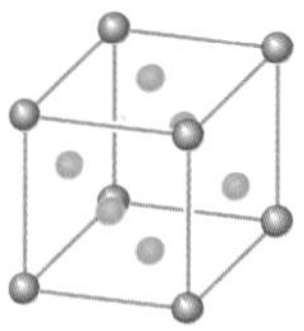	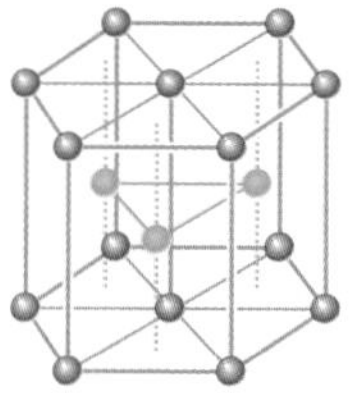	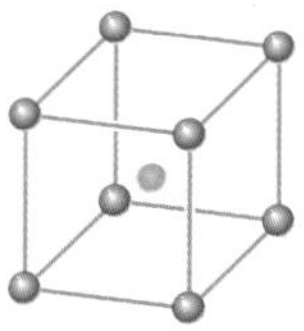
명칭	입방 최밀 구조	육방 최밀 구조	체심 입방 구조
공간 점유율	74%	74%	68%

모든 결정은 14종류의 단위 격자로 분류된다

결정계	변의 길이 비율과 각도	단위 격자의 종류 & 격자 점(입자의 위치) 단순 격자 각 정점뿐 (육방 격자 제외)	체심 격자 각 정점과 중심	면심 격자 각 정점과 각 면의 중심	저심 격자 각 정점과 상하 면의 중심
입방정계	a=b=c α=β=γ=90°	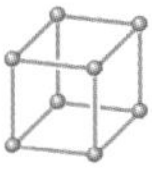 단순 입방 격자	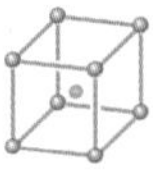 체심 입방 격자	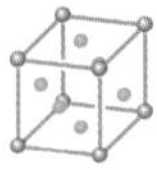 면심 입방 격자	
정방정계	a=b≠c α=β=γ=90°	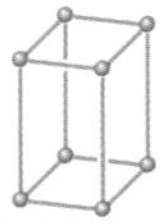 단순 정방 격자	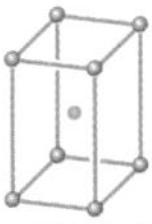 체심 정방 격자		
사방정계	a≠b≠c α=β=γ=90°	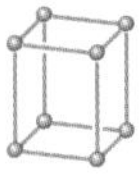 단순 사방 격자	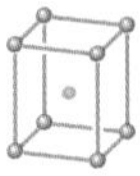 체심 사방 격자	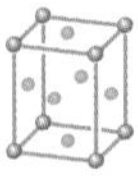 면심 사방 격자	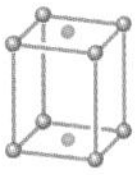 저심 사방 격자
삼방정계	a=b=c α=β=γ≠90°	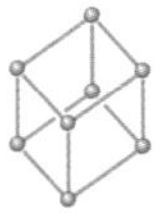 삼방 격자	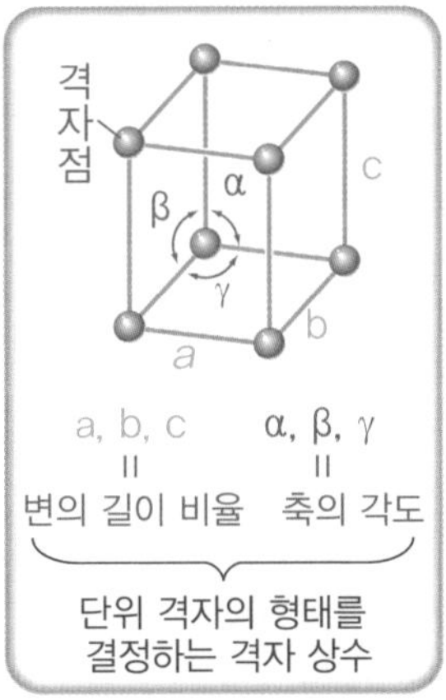		
육방정계	a=b≠c α=β=90° γ=120°	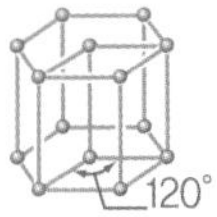 육방 격자			
단사정계	a≠b≠c α=γ=90° β≠90°	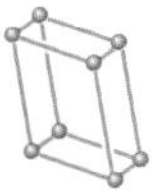 단순 단사 격자			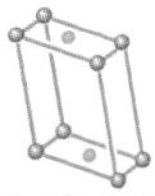 저심 단사 격자
삼사정계	a≠b≠c α≠β≠γ≠90°	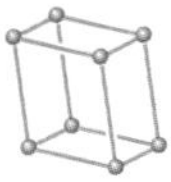 삼사 격자			

6 CHAPTER 4 SECTION

결정으로 되돌아가지 않는 비결정(amorphous)

유리는 비결정

수정은 이산화 규소(SiO_2)의 결정이에요. 6-1의 그림에서 살펴본 바와 같이 수정 분자는 질서 있게 배열되어 있어요. 하지만 가열하면 질서 없이 자유롭게 움직이는(유동성) 액체 상태가 돼요.

액체인 물을 냉각하면 결정(얼음)으로 돌아가요. 하지만 액체인 이산화 규소를 냉각해도 원래의 결정 상태인 수정으로는 되돌아가지 않아요. 이산화 규소는 액체의 무질서한 상태 그대로 유동성만 잃어버리고 굳어 버려요. 이러한 상태를 **비결정(amorphous)**이라고 해요. 고체인 유리나 플라스틱은 비결정이에요.

금속도 비결정 합금이 된다

금속 역시 비결정이 되기도 해요. 비결정 상태의 금속은 일반 결정 상태의 금속과 비교했을 때 여러 가지 뛰어난 성질을 가진다고 알려져 있어요. 예를 들면 산화되기 어려워지고, 자성이나 발광성이 강해지는 특성이 있어요.

때문에 비결정 금속을 만들려는 시도가 다양하게 이루어지고 있어요. 하지만 용융※(melting fusion) 상태의 금속을 급속 냉각하는 것이 어려워서 아직 대량으로 비결정 금속을 만들어내지는 못하고 있어요.

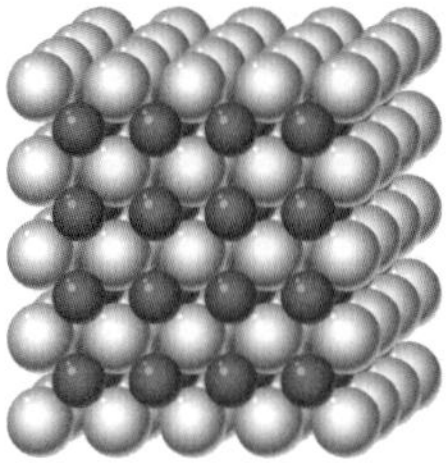

결정

비결정

※ 역자 주: 용융 – 고체가 가열되어 액체가 되는 변화

화학 요리를 시작합니다!
오늘의 메뉴는 **비결정**이에요.
일반적으로 고체는 결정화하여 규칙적으로 배열되어 있어요.
단위 격자를 갖지 않는다
규칙적인 단위 격자
비결정
결정
어느 쪽도 고체
하지만 비결정은 규칙적인 구조를 갖지 않아요. 결정의 반의어는 '**비정질(비결정성 물질)**'이라고 해요.
제조법에 관해서는 액체 상태에서 급속으로 냉각시키는 **액체 급속 냉각법**이 유명한데요. 재료가 뭐든 상관…없지…는 않고요.
급속 냉각에 따른 비결정화에는 분자의 민첩성이 문제가 돼요.
빠른 분자 (물 등)
느린 분자 (이산화 규소 등)
급속 냉각한다
급속 냉각해도 빠르게 정열하여 결정 격자를 만든다
분자가 정열하기 전에 응고점에 도달하여 움직일 수 없어지므로 결정이 될 수 없다
먹어봐
냠 냠
금속은 물과 마찬가지로 움직임이 빨라서 비결정이 되기 어려워요! 하지만 성공하면 같은 재료라고 생각도 못할 정도로 **새로운 성질**을 기대할 수 있어요. 화학 연구실은 '미래를 만들어 내는 조리실'이라고 할 수 있죠.
전자의 수도, 결합의 종류도 달라진 것은 없는데…… '상태'가 만들어 내는 성질…… 비결정, 점점 흥미로운데?
전기전도성 UP

※주의: 절대 먹으면 안 돼요.

6 CHAPTER 5 SECTION

분자가 같은 방향을 향해 움직이는 액정

액정은 액체와 결정의 중간

어떤 분자의 결정을 가열하면 위치의 규칙성을 잃고 자유롭게 움직이는 유동성이 생기는데, 방향의 규칙성을 그대로 (즉, 항상 일정한 방향을 향하는) 유지하는 경우가 있어요. 이러한 상태를 **액정 상태**라고 하며, 이러한 상태가 가능한 특수한 분자를 **액정 분자**라고 해요.

액정을 가열하면 액체가 된다

액정(상태)은 액체 상태나 결정 상태와 마찬가지로 어떤 온도 범위에서 분자가 취하는 상태 중 하나예요. 따라서 온도가 변화하면 액정 상태도 다른 상태로 변화해요.

아래 그림은 액정 상태가 가능한 분자의 온도 변화예요. 저온에서는 결정이며, 가열해서 녹는점에 이르면 녹아서 유동성은 있지만 우유와 같은 반투명 상태가 돼요. 이것이 액정 상태예요. 또 가열하여 **투명점**에 이르면 분자는 방향의 규칙성을 잃고 투명한 액체가 돼요.

상태		결정	액정	액체
규칙성	위치	○	×	×
	배향	○	○	×
배열 모식도		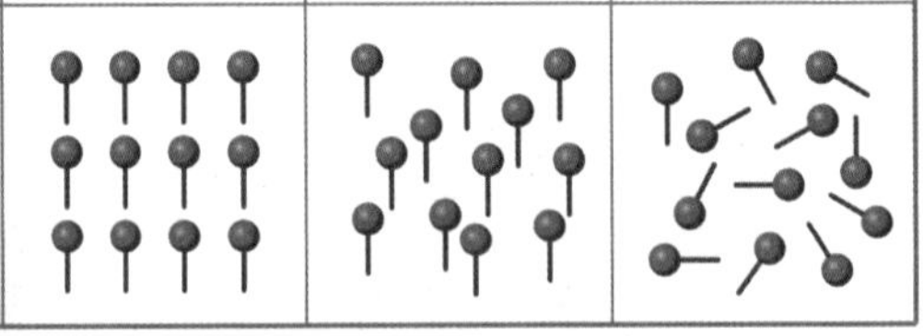		

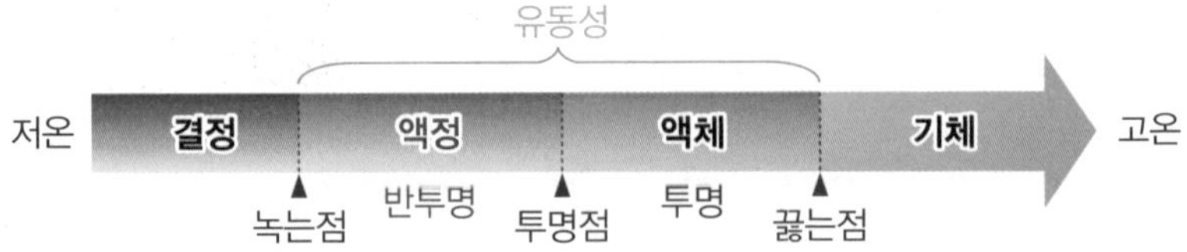

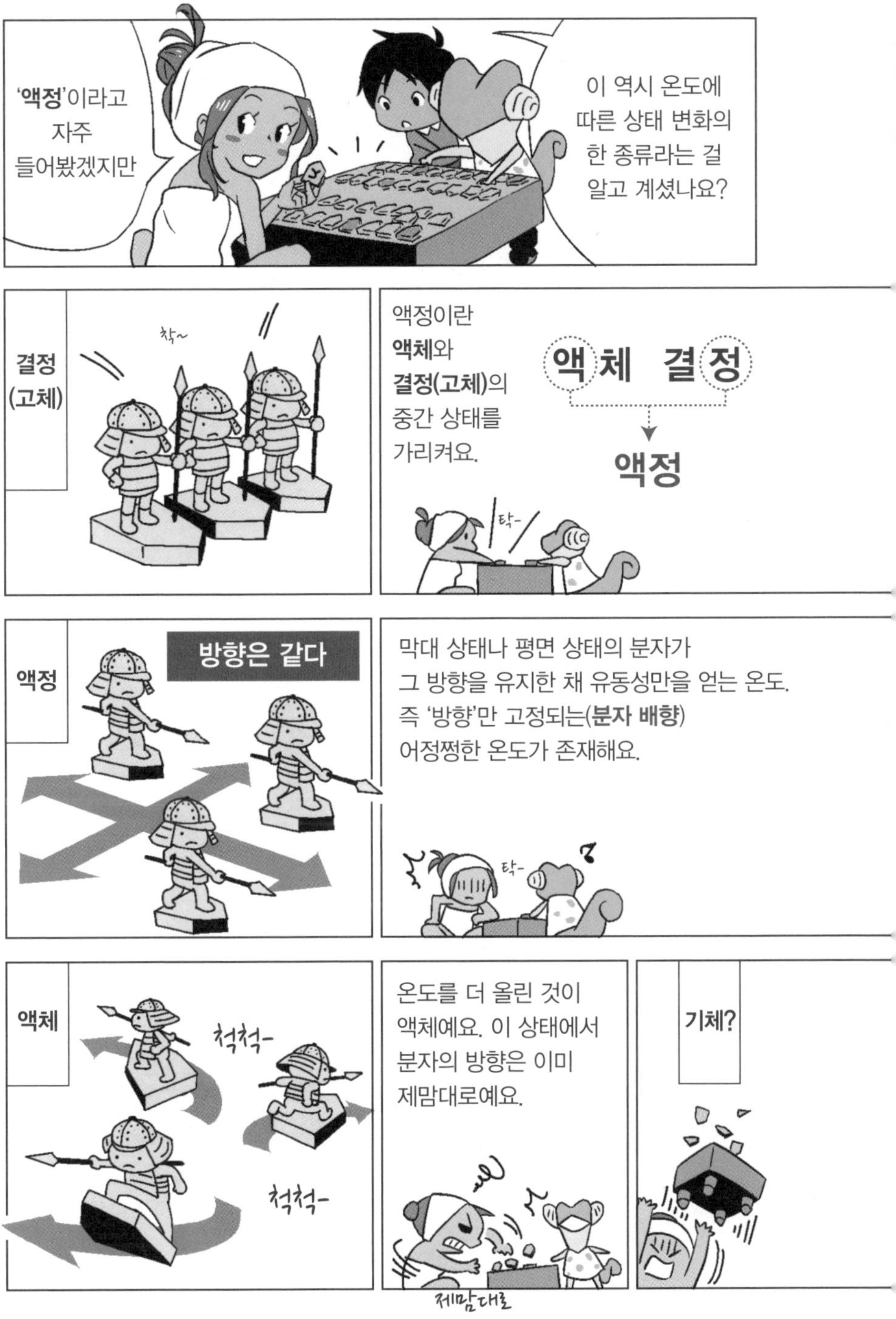

'액정'이라고 자주 들어봤겠지만
이 역시 온도에 따른 상태 변화의 한 종류라는 걸 알고 계셨나요?
결정 (고체)
착~
액정이란 액체와 결정(고체)의 중간 상태를 가리켜요.
액체 결정
액정
탁-
액정
방향은 같다
막대 상태나 평면 상태의 분자가 그 방향을 유지한 채 유동성만을 얻는 온도.
즉 '방향'만 고정되는(분자 배향) 어정쩡한 온도가 존재해요.
탁-
액체
척척-
척척-
온도를 더 올린 것이 액체예요. 이 상태에서 분자의 방향은 이미 제맘대로예요.
제맘대로
기체?

6 CHAPTER
6 SECTION

액정 모니터의 원리

액정 분자의 배향을 제어한다

유리 용기의 안쪽에 평행하게 틈(gap)을 만들어 액정 분자를 주입해요. 이렇게 하면 액정 분자는 틈에 평행하게 분자 방향을 배향시켜요.

액정의 특징은 분자의 배향을 전류나 전압으로 제어가 가능하다는 것이에요.

화상을 표시하는 구조

알기 쉽게 액정 분자를 종이 묶음이라고 가정해 볼게요. 그림 A와 같이 발광 패널 앞에 액정을 주입한 패널을 두어요. 이 상태에서는 액정 분자가 틈을 따라서 빛을 차단하듯이 배열돼요. 우리가 이 상태를 보면 화면이 검게 보여요.

하지만 여기에 전류를 통하게 하면 액정 분자의 배열은 그림 B처럼 변하고 빛은 분자 사이를 통과할 수 있게 돼요. 이때는 화면이 하얗게 보여요.

액정 패널을 수많은 **셀**로 구성하여 각각의 셀을 전기로 제어하면 화면에 영상을 표시할 수 있게 돼요.

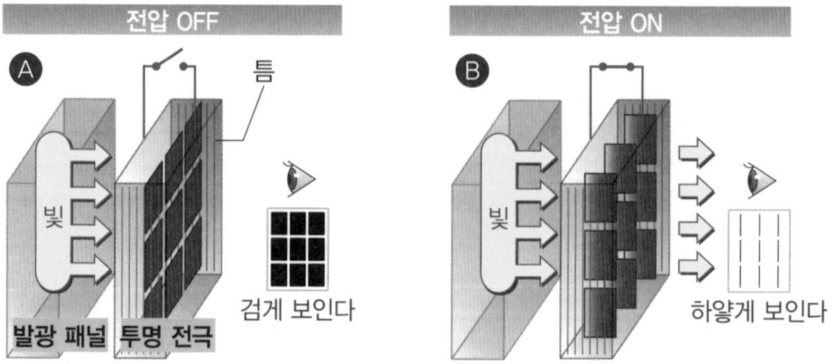

……
액정 분자의 배향을 자유롭게 **제어**할 수만 있다면?
액정 모니터는 그것을 실현한 기술이에요.
깜짝이야!
TN형 액정 모니터의 구조
빛의 진동면을 제한(편광으로)
액정 분자
발광
편광필터A
배향막A
배향막B
편광필터B
전압 OFF
편광이 액정 분자의 틈을 따라 진행하면 90°로 꼬이면서 편광 필터 B도 통과
보이지 않는다
전압 ON
액정 분자의 꼬임이 없어지기 때문에 편광은 그대로 편광 필터 B로 차단됨
양 옆의 배향막을 90°로 돌려 놓아서 액정 분자를 배향 하는 것이 포인트. 여기에 **편광**을 쏘이면 왼쪽 그림처럼 빛의 진행 방향이 바뀐다.
王
전압으로 액정 분자의 각도를 조절하면 차단되는 빛의 양을 조정할 수 있다……
TN 패널 기술은 그야말로 피나는 기술의 결정, 아니 액정……
王
왼쪽 페이지 방식은 IPS라 불리는데 전압과 빛의 양의 관계가 TN형과 반대예요.
TN패널 가격이 더 저렴해서 널리쓰이지만, 액정분자의 각도가 빛의 양을 좌우하기 때문에 보는 각도에 따라서 색이 변해요.
장군!
탁-
뭐야!

6 CHAPTER 7 SECTION

임계 온도를 넘으면 저항이 제로가 되는 초전도

전기 저항이란 금속 이온이 열진동으로 자유 전자를 방해하는 것

금속이 전기를 잘 흐르게 하는 이유는 금속이 자유 전자를 가지고 있기 때문이에요. 자유 전자가 움직이기 어려워지면 전기 전도도는 낮아지고 전기 저항이 높아져요. 그렇다면 자유 전자의 이동을 방해하는 것은 무엇일까요? 바로 금속 이온의 열진동이에요. 열진동은 고온이 될수록 격렬해져요. 반대로 저온이 될수록 금속의 전기 전도도는 높아지고 전기 저항은 낮아져요.

초전도가 되면 세계가 변한다

하지만 극저온이 되면 일부 금속의 전기 저항은 갑자기 제로가 돼요. 이 온도를 **임계 온도**라 하고, 이 상태를 **초전도 상태**라고 해요. 초전도 상태에서는 전기 저항이 없기 때문에 발열 없이 큰 전류를 흐르게 할 수 있어요. 초강력 전자석인 '초전도 자석'은 이러한 원리를 이용했어요. 현재 160K(켈빈) 정도에서 초전도 상태가 되는 고온 초전도체도 개발되었지만 아직 실용화 단계는 아니에요.

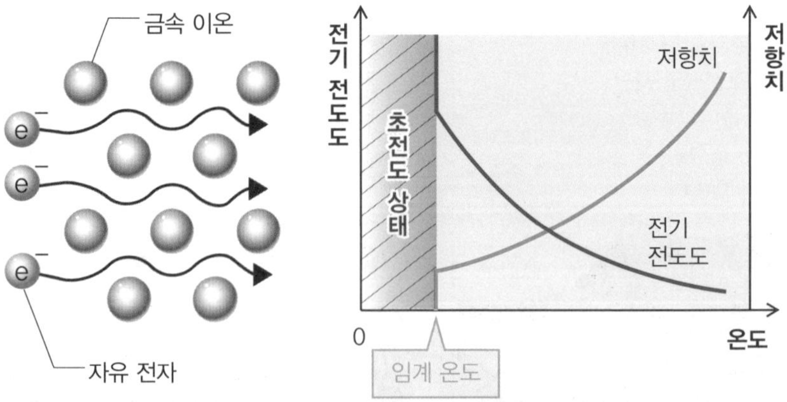

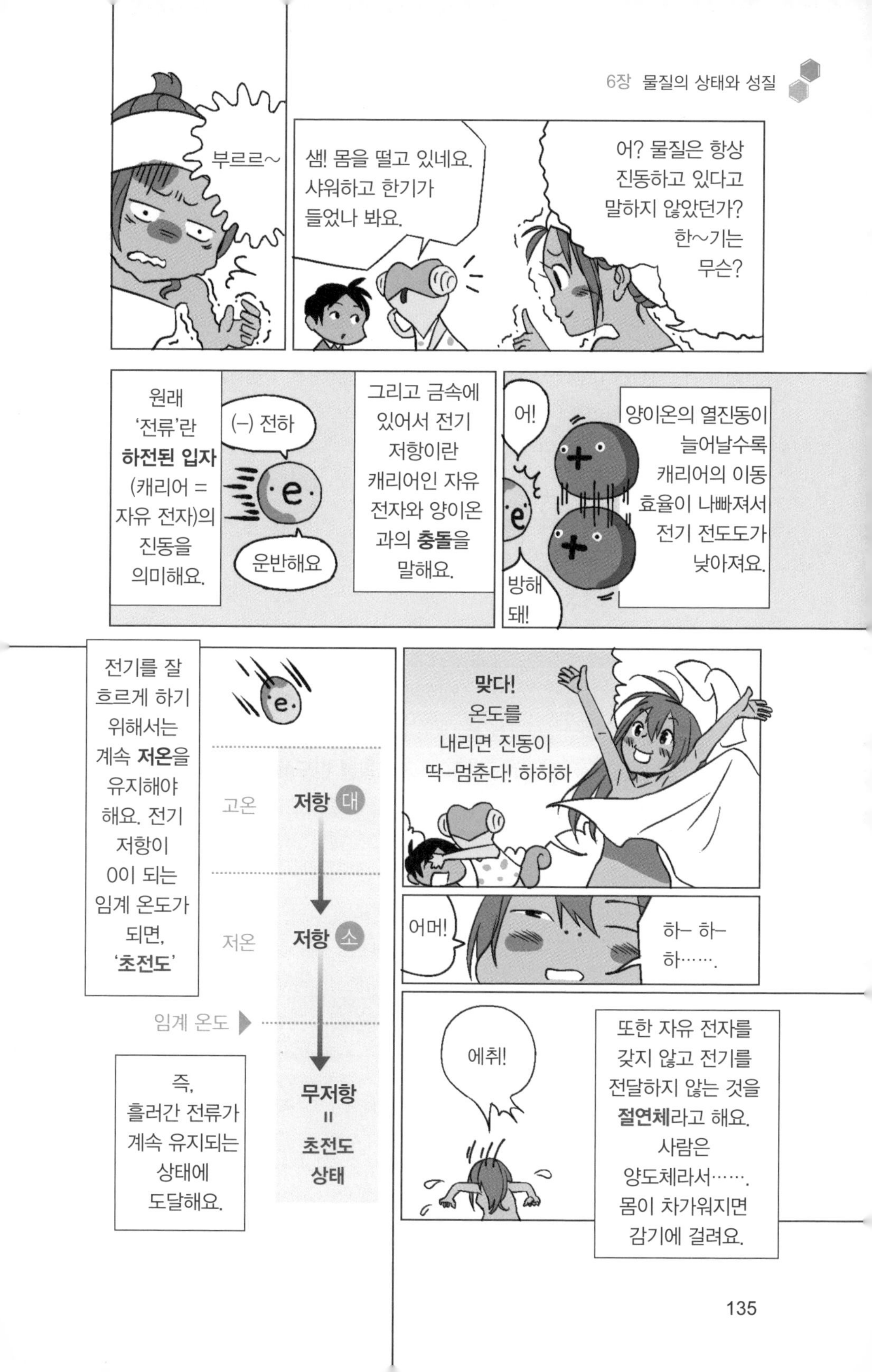
부르르~
샘! 몸을 떨고 있네요. 샤워하고 한기가 들었나 봐요.
어? 물질은 항상 진동하고 있다고 말하지 않았던가? 한~기는 무슨?
원래 '전류'란 **하전된 입자** (캐리어 = 자유 전자)의 진동을 의미해요.
(-) 전하
e
운반해요
그리고 금속에 있어서 전기 저항이란 캐리어인 자유 전자와 양이온과의 **충돌**을 말해요.
어!
e
방해돼!
양이온의 열진동이 늘어날수록 캐리어의 이동 효율이 나빠져서 전기 전도도가 낮아져요.
전기를 잘 흐르게 하기 위해서는 계속 **저온**을 유지해야 해요. 전기 저항이 0이 되는 임계 온도가 되면, '**초전도**'
e
고온
저항 대
저온
저항 소
임계 온도
무저항 = 초전도 상태
즉, 흘러간 전류가 계속 유지되는 상태에 도달해요.
맞다! 온도를 내리면 진동이 딱-멈춘다! 하하하
어머!
하- 하- 하…….
에취!
또한 자유 전자를 갖지 않고 전기를 전달하지 않는 것을 **절연체**라고 해요. 사람은 양도체라서……. 몸이 차가워지면 감기에 걸려요.

6 CHAPTER
8 SECTION

자유 전자가 아닌 공유 전자로 전류를 통하는 반도체

금속이 아닌 반도체의 특수성

반도체는 전기 전도도가 금속과 절연체의 중간에 있는 것을 말해요. 전형적인 예로 실리콘(Si)과 저마늄(Ge)이 있어요.

반도체는 금속이 아니므로 자유 전자가 없어요. 반도체에 있어서 전류가 되는 전자는 공유 결합의 결합 전자 구름이에요. 단 결합 전자 구름은 원자핵에 강하게 치우쳐 있어서 전류로서 이동하려면 열 에너지가 필요해요. 때문에 반도체의 전기 전도도는 온도의 증가와 함께 증대해요. 이것이 금속과 반대되는 현상이에요.

반도체는 인류의 위대한 발명

실리콘처럼 반도체성을 갖는 원소를 **진성 반도체**라고 해요. 한편 진성 반도체에 소량의 불순물을 더한 반도체를 **불순물 반도체**라고 하고, 몇 종류의 금속을 반응시켜서 만든 반도체를 **화합물 반도체**라고 해요.

반도체는 전자 계산기 등의 반도체 소자 혹은 LED 등의 조명 소자, 태양 전지 등에 널리 사용되고 있어요. 현대의 고속 정보화 사회는 반도체로 유지되고 있다고 해도 과언이 아니에요.

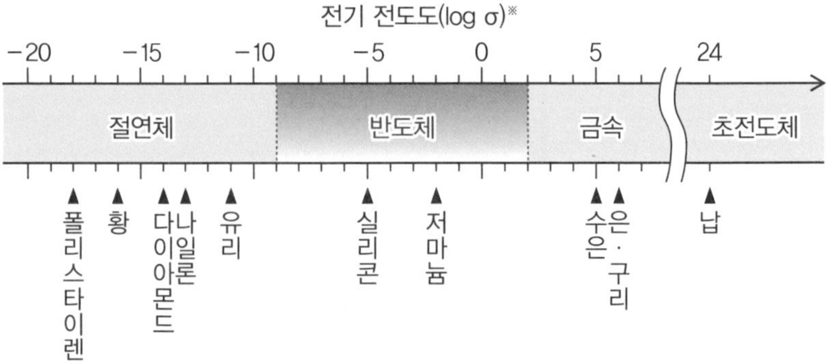

※ log σ: 전기전도도 σ를 대수로 나타낸 것

전자가 캐리어가 되기 위해서는 **전도대**라는 에너지대까지 들뜰(excited) 필요가 있어요. 그 에너지 차이(**금제대**=금지대: 전자가 존재할 수 없는 에너지 상태의 부분)는 물질에 따라 다르며 이것이 양도체나 반도체로 구별하는 기준이 돼요.

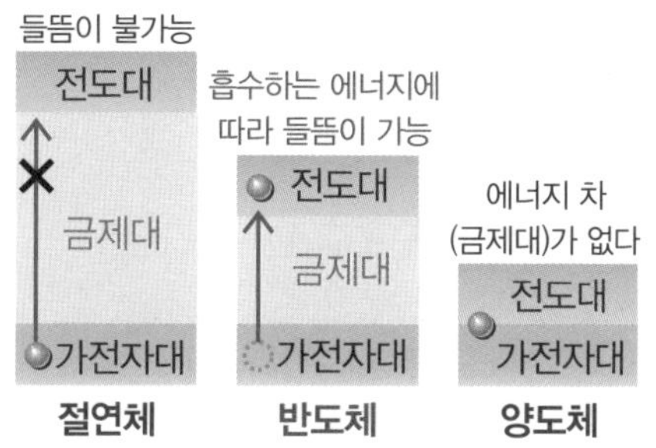

그래서 **반도체**의 전기 전도도를 높여서 편리하게 사용하는 방법으로 일부러 **불순물**을 첨가해요.

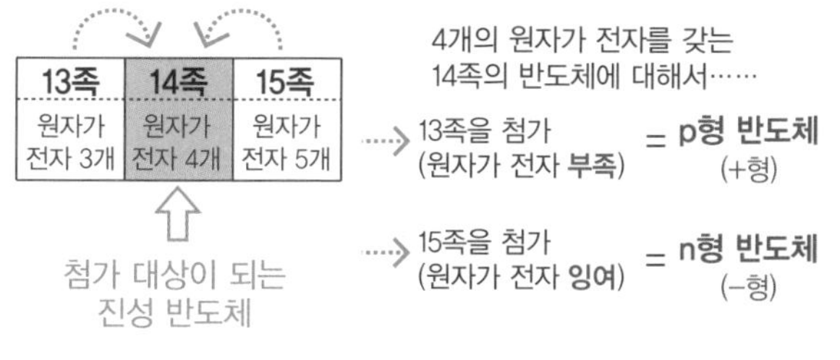

p형(14족 + 13족)의 구조

정공(e^+)이 캐리어

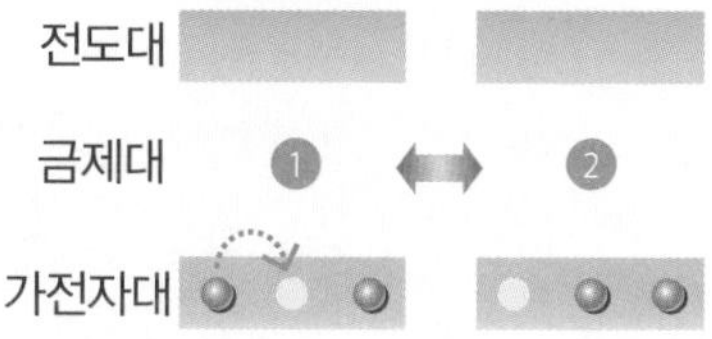

① 첨가에 의해 생긴 정공(전자의 빈자리)을 채우려고 전자가 움직인다.

② 원래 장소에 또 정공이 생기기 때문에, 마치 ⊕전하가 움직이는 것처럼 보인다.

n형(14족 + 15족)의 구조

전자(e^-)가 캐리어

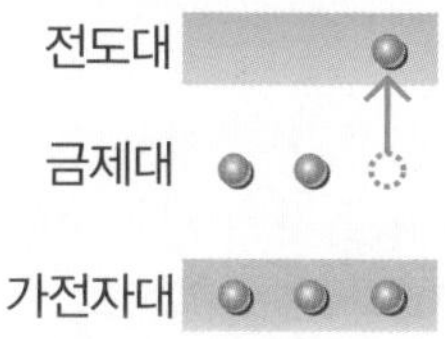

첨가에 의한 잉여 원자가 전자는 금제대에 들어가기 때문에 적은 에너지로도 전도대로 올라가기 쉬워진다.

Column

초임계수란?

변화는 연속적으로 일어나는 것과 불연속적으로 일어나는 것이 있어요. 예를 들어 아기 고양기가 성장하는 것은 연속적인 변화이지만 번데기가 나비로 변신하는 것은 불연속적인 변화라고 할 수 있어요.

물질의 상태 변화는 불연속적으로 일어나요. 물을 냉각하면 녹는점에서 갑자기 얼음으로 변화해요. 물(액체)과 얼음(결정) 사이에 중간 상태라는 것은 존재하지 않아요. 진눈깨비는 비(물)와 눈(얼음)의 혼합물이지 액체와 고체 사이의 중간물은 아니에요.

그런데 수증기(기체)와 물(액체)의 중간 상태는 존재해요. 특별한 조건에서만 가능하지만요. 온도 374℃ 이상, 압력 218기압 이상이라는 상당히 까다로운 조건이에요.

이러한 조건에 있는 물을 **초임계수**라고 하는데, 액체의 뜨거운 물과 수증기의 중간 상태로 특수한 성질을 가져요. 즉, 용해도가 높아서 유기물도 녹이며 산화력도 강해요. 그래서 유기 화학 반응의 용매나 공해 물질의 PCB 분해 등에 이용돼요.

제 7 장

용액의 성질과 전기 화학

물질에는 여러 가지 성질이 있어요. 그 중에서도 화학적으로 중요한 것이 산성과 염기성이에요. 일반적으로는 H^+를 내놓는 것이 산이고, OH^-를 내놓는 것이 염기라고 알고 있지만, 그것이 다가 아니에요. 또 물질의 반응성 중에서 기본적으로 중요한 것이 산화와 환원이에요. 산화와 환원은 산소와의 반응이라고 많이 생각하는데, 이 역시 그것이 전부는 아니에요.

7 CHAPTER 1 SECTION

화학에서 '녹는다'는 의미는?

용질과 용액

용액이란 액체 상태의 혼합물을 말해요. 용액은 용질과 용매로 이루어져 있어요. 다른 물질을 녹이는 물질을 **용매**, 용매에 녹는 물질을 **용질**이라고 해요. 설탕물의 경우 설탕이 용질, 물이 용매예요.

용질이 항상 고체인 것은 아니에요. 술은 에탄올이 용질, 물이 용매가 돼요. 금붕어를 키우는 수조에는 산소가 용질로 녹아 있으며, 금붕어는 이것으로 호흡해요.

용매화

화학에서 **용해**를 말할 때는 조건이 있어요. 그것은 아래와 같아요.

- **용질 분자가 한 개의 분자씩 뿔뿔이 흩어진다.**
- **용질 분자 주위를 용매 분자로 둘러싼다.**

이와 같이 둘러싼 상태를 **용매화**라고 해요. 용매가 물인 경우를 특히 **수화**라고 해요. 수화에서는 용질의 (+)전하 부분에 산소가, (–)전하 부분에 수소가 접근해요. 용매화의 결합력은 분자 간의 힘이에요.

그런데 예를 들어 밀가루는 물에 녹을까요? 화학적으로 대답하면 밀가루는 물에 녹지 않아요.

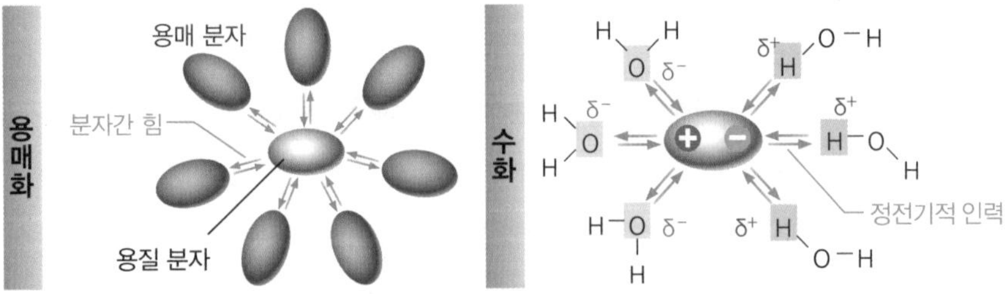

이렇게 끓는 물에 넣으면
국수가 다 녹아 버리지 않을까?
보글 보글
화학적으로 '**녹는다**'는 의미는 용질이 용매 분자와의 인력으로 확산되어 에너지적으로 안정된 상태를 말해요. '**용매화**'가 일어나는 이유는 용액이나 용질 내부의 **극성**, 즉 전기적인 기울어짐 때문이에요.(제3장 3–9 참조)
걱정 마, 오빠! 국수는 녹지 않고 삶아져.
그렇구나.
… … … …

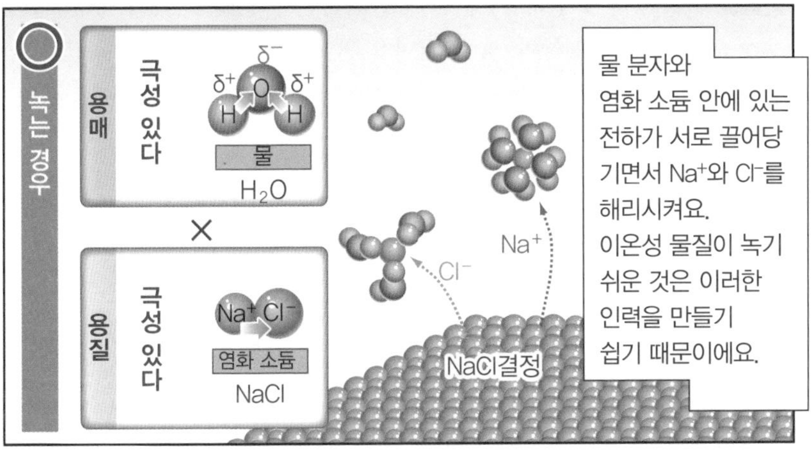

녹는 경우
용매
극성 있다
δ−
δ+
δ+
O
H
H
물
H2O
×
용질
극성 있다
Na+
Cl−
염화 소듐
NaCl
Na+
Cl−
NaCl결정
물 분자와 염화 소듐 안에 있는 전하가 서로 끌어당기면서 Na+와 Cl−를 해리시켜요. 이온성 물질이 녹기 쉬운 것은 이러한 인력을 만들기 쉽기 때문이에요.

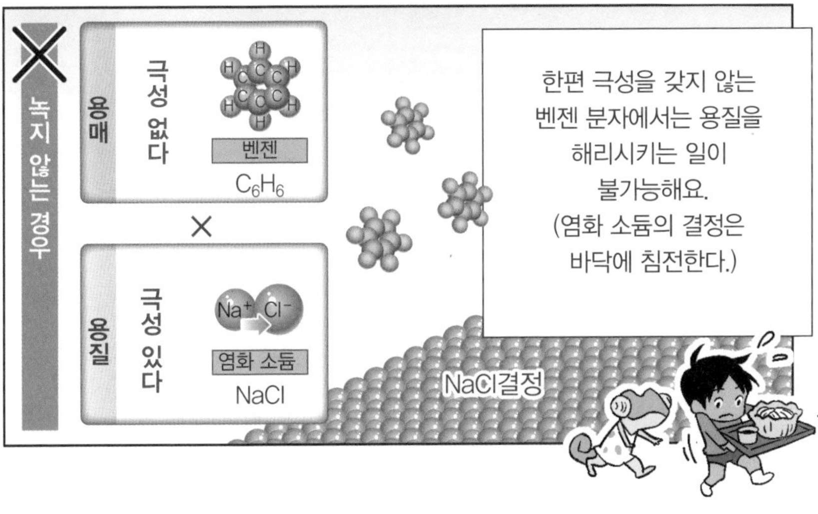

녹지 않는 경우
용매
극성 없다
벤젠
C6H6
×
용질
극성 있다
Na+
Cl−
염화 소듐
NaCl
NaCl결정
한편 극성을 갖지 않는 벤젠 분자에서는 용질을 해리시키는 일이 불가능해요. (염화 소듐의 결정은 바닥에 침전한다.)

7 CHAPTER 2 SECTION

온도가 올라가면 용해도도 올라갈까?

물과 기름이 섞이지 않는 이유

화학 반응에서는 '비슷한 것끼리 녹인다'고 말해요. 비슷하다는 것은 **분자 구조**예요. 염화 소듐(NaCl)이 물에 녹는 것은 NaCl이 Na^+과 Cl^- 이온 결합으로 이루어져 있고, 물 분자도 H가 (+)전하, O가 (−)전하를 가진 **극성 화합물**이기 때문이에요. 이에 반해서 기름은 이온성이 없는 공유 결합으로 생긴 분자이므로 물에 녹지 않아요. 금은 녹기 어렵기로 유명한데, 같은 금속인 액체의 수은(Hg)에는 녹아서 금 아말감이라는 합금이 만들어져요.

결정은 온도가 올라가면 녹기 쉬워진다

용질이 용매에 어느 정도 녹는지를 나타낸 수치를 **용해도**라고 해요. 그림은 결정성 용질의 용해도가 온도에 따라서 어떻게 변화하는가를 나타낸 것이에요. 일반적으로 온도가 올라가면 용해도가 증가하는데, 염화 소듐처럼 온도에 그다지 영향을 받지 않는 것도 있어요.

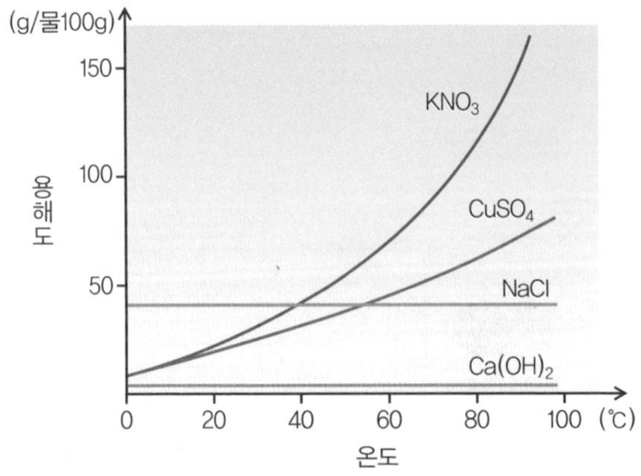

비극성이라도 녹일 수 있는 경우

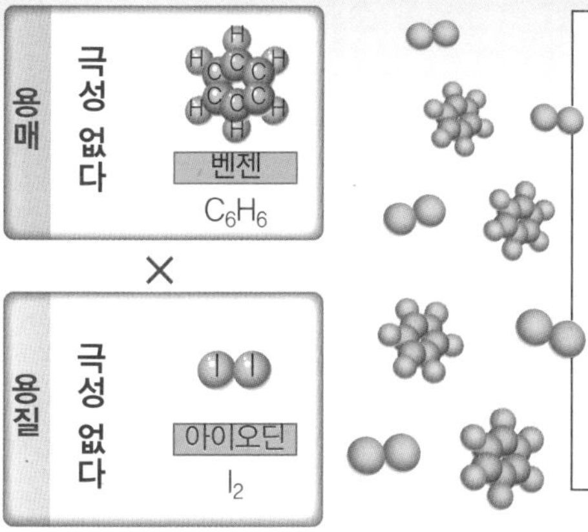

아이오딘은 **분자간 힘**만으로 이루어진 결정이기 때문에 **용매와의 분자간 힘**이 작용하면 자신의 결합력은 약해져서 확산돼요. 균일한 용해라는 의미에서 이것도 '녹는다'라고 할 수 있어요.

일반적으로 용해도와 온도와의 관계는 용질이 고체인지 기체인지에 따라서 다르다

용질	고온	저온
고체	녹기 쉽다	녹기 어렵다
기체	녹기 어렵다	녹기 쉽다

7 CHAPTER 3 SECTION

산과 염기를 나누기 위한 정의

산과 **염기**는 화학에 있어서 매우 중요한 개념이에요. 무기 화학, 유기 화학 등 모든 화학 분야에서 사용하려면 여러 가지 정의가 필요한데 대표적인 것을 정리해 볼게요.

아레니우스의 정의

산과 염기를 H^+와 OH^-로 정의한 것으로 화학의 모든 분야에서 사용되는 정의예요.

산: 물에 녹아서 수소 이온 H^+를 내놓는 것

예) $HCl \rightleftarrows H^+ + Cl^-$

염기: 물에 녹아서 수산화 이온 OH^-를 내놓는 것

예) $NaOH \rightleftarrows Na^+ + OH^-$

브뢴스테드의 정의

H^+만으로 정의하며 물에 녹지 않는 물질, 즉 유기 분자에도 적용 가능해요. 그래서 현재 가장 많이 사용되는 정의라고 할 수 있어요.

산: H^+를 주는 것

예) $HCl \rightleftarrows H^+ + Cl^-$

염기: H^+를 받는 것

예) $NH_3 + H^+ \rightleftarrows NH_4^+$

이 정의에 의하면, 물은

$H_2O \rightleftarrows H^+ + OH^-$ (반응 1)

$H_2O + H^+ \rightleftarrows H_3O^+$ (반응 2)

반응 1에서는 H^+를 주기 때문에 산이 되고, 반응 2에서는 H^+를 받기 때문에 염기가 돼요. 이처럼 산도 염기도 되는 물질을 **양쪽성 화합물**이라고 해요.

힘이
난다……
이제부터는
화학 반응에
대한 이야기를
해볼까요.
화학 반응
=
결합을 재편성하여
새로운 물질로 변화
기억해 둘 것은 두 가지,
산 · 염기 반응과
산화 · 환원 반응이에요.
화학 반응을 이해하는
기초가 되니까
잘 알아 두세요.
어떤 물질이
산인지
염기인지
그 정의는
시대와 함께
발전해
왔어요.
1884년 아레니우스의 정의
1927년 브뢴스테드의 정의
산
염기
수용액의 H^+ 농도를 높이는 물질
H^+
수용액의 OH^- 농도를 높이는 물질
OH^-
H^+를 주는 물질
H^+
H^+를 받는 물질
아레니우스의
정의로는 가용성 물질
밖에 분류할 수 없고,
'물' 자체도 대상이
되지 않아요.
하지만 브뢴스테드의
정의는 H^+의 이동만으로
정의하므로, H만 가지고
있다면 불용성의 물질 및
물 자체에 이르기까지
범위가 넓어져요.
아레니우스의
정의에서 염기가
OH^- 농도를 높일
수 있는 것은 물
분자의 H^+를
소비할 능력이
있기 때문이에요.
중요한 화학 반응 ①
산 · 염기 반응
=
산과 염기 사이에서
H^+를 주고 받는 반응
H^+
그렇기 때문에
산 · 염기의 분류는
H^+를 주는 능력과
받는 능력의 차이
만으로 대개
구별 가능해요.

7 CHAPTER 4 SECTION

산·염기는 이온의 전하와 해리도로 세기가 변한다.

산과 염기에는 많은 종류가 있어요. 산 중에서도 H^+를 1개만 내놓는 것을 **일염기산**, 2개, 3개를 내놓을 수 있는 것을 각각 **이염기산**, **삼염기산**이라고 해요. 염기 역시 OH^-를 내놓는 개수에 따라서 각각 **일산염기**, **이산염기**라고 해요.

중요한 산, 염기와 해리 반응식을 아래 표에 나타냈어요. 초산은 유기물이지만 전형적인 약산이기 때문에 표에 넣었어요.

분류		명칭	화학식	구조식	반응식
산	일염기산	염산	HCl		$HCl \rightarrow H^+ + Cl^-$
		질산	HNO_3	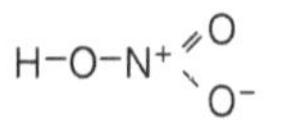	$HNO_3 \rightarrow H^+ + NO_3^-$
		초산	CH_3COOH	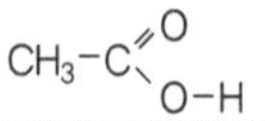	$CH_3COOH \rightarrow H^+ + CH_3COO^-$
	이염기산	탄산	H_2CO_3	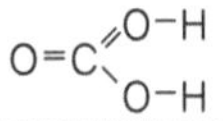	$H_2CO_3 \rightarrow H^+ + HCO_3^-$ $HCO_3^- \rightarrow H^+ + CO_3^{2-}$
		황산	H_2SO_4	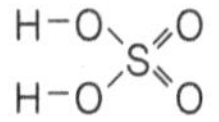	$H_2SO_4 \rightarrow H^+ + HSO_4^-$ $HSO_4^- \rightarrow H^+ + SO_4^{2-}$
		아황산	H_2SO_3	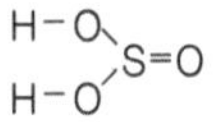	$H_2SO_3 \rightarrow H^+ + HSO_3^-$ $HSO_3^- \rightarrow H^+ + SO_3^{2-}$
	삼염기산	인산	H_3PO_4	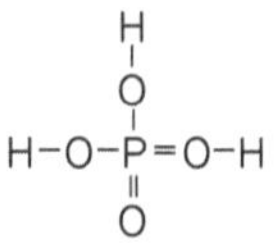	$H_3PO_4 \rightarrow H^+ + H_2PO_4^-$ $H_2PO_4^- \rightarrow H^+ + HPO_4^{2-}$ $HPO_4^{2-} \rightarrow H^+ + PO_4^{3-}$
염기	일산염기	암모니아	NH_3	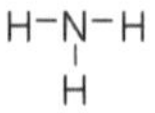	$NH_4OH \rightarrow NH_4^+ + OH^-$
		수산화 소듐	$NaOH$		$NaOH \rightarrow Na^+ + OH^-$
	이산염기	수산화 칼슘	$Ca(OH)_2$		$Ca(OH)_2 \rightarrow Ca^{2+} + 2OH^-$

■ 강산 또는 강염기 ■ 약산 또는 약염기

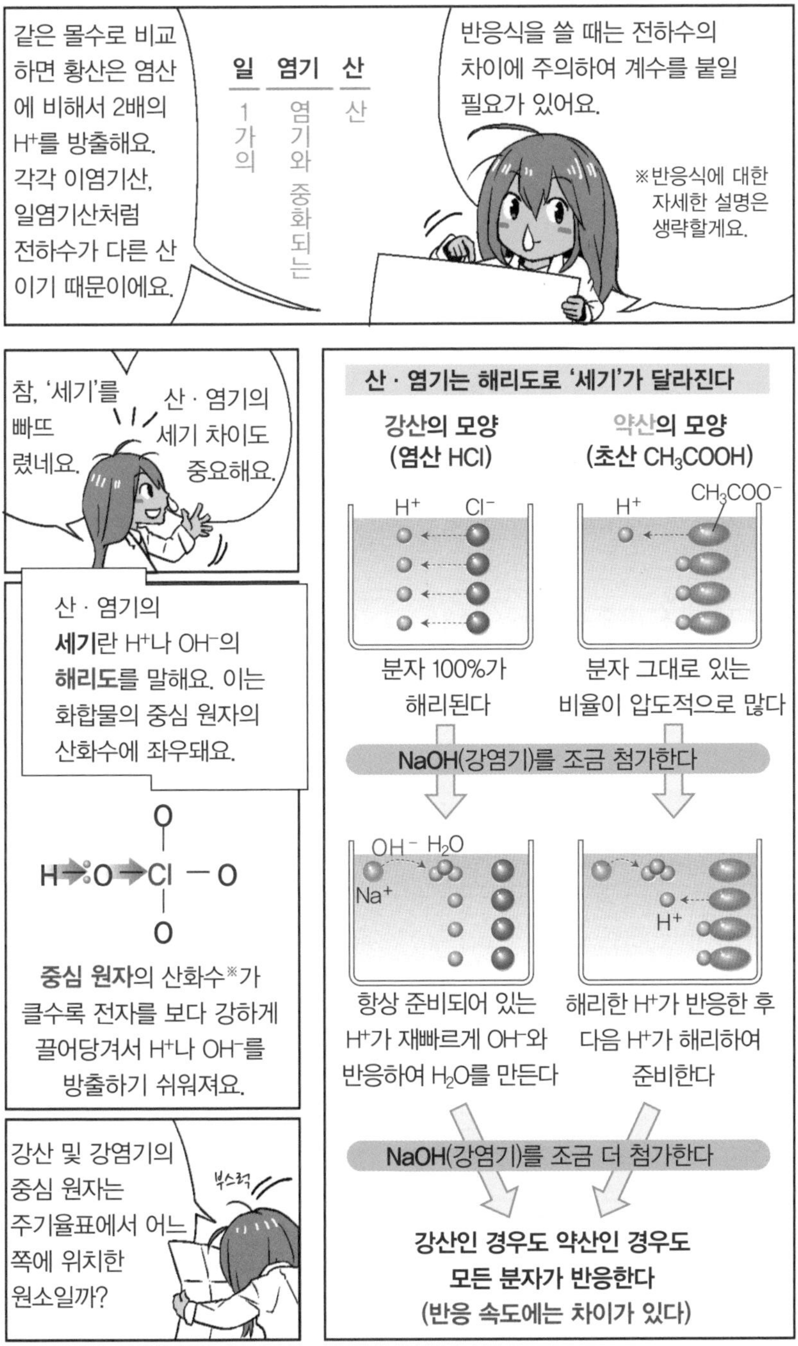
같은 몰수로 비교하면 황산은 염산에 비해서 2배의 H⁺를 방출해요. 각각 이염기산, 일염기산처럼 전하수가 다른 산이기 때문이에요.
일 염기 산
1가의 염기와 중화되는 산
반응식을 쓸 때는 전하수의 차이에 주의하여 계수를 붙일 필요가 있어요.
※반응식에 대한 자세한 설명은 생략할게요.
참, '세기'를 빠뜨렸네요.
산 · 염기의 세기 차이도 중요해요.
산 · 염기의 **세기**란 H⁺나 OH⁻의 **해리도**를 말해요. 이는 화합물의 중심 원자의 산화수에 좌우돼요.
H O Cl O O O
중심 원자의 산화수※가 클수록 전자를 보다 강하게 끌어당겨서 H⁺나 OH⁻를 방출하기 쉬워져요.
강산 및 강염기의 중심 원자는 주기율표에서 어느 쪽에 위치한 원소일까?
부스럭
산 · 염기는 해리도로 '세기'가 달라진다
강산의 모양 (염산 HCl)
약산의 모양 (초산 CH₃COOH)
H⁺ Cl⁻
H⁺ CH₃COO⁻
분자 100%가 해리된다
분자 그대로 있는 비율이 압도적으로 많다
NaOH(강염기)를 조금 첨가한다
OH⁻ H₂O Na⁺
H⁺
항상 준비되어 있는 H⁺가 재빠르게 OH⁻와 반응하여 H₂O를 만든다
해리한 H⁺가 반응한 후 다음 H⁺가 해리하여 준비한다
NaOH(강염기)를 조금 더 첨가한다
강산인 경우도 약산인 경우도 모든 분자가 반응한다 (반응 속도에는 차이가 있다)

※ '산화수'는 7–7을 참조

7 CHAPTER 5 SECTION

산성·염기성은 용액 속의 수소 이온 농도로 결정된다.

물도 조금 해리한다

분자가 분해되어 양이온과 음이온이 되는 반응을 **해리**라고 하며 **해리**되는 분자를 **전해질**이라고 해요.

물 역시 아주 조금이지만 **해리**해요. 이때 발생하는 H^+와 OH^-의 농도, $[H^+]$와 $[OH^-]$ 사이에는

$$K_W=[H^+]\times[OH^-]=1.0\times10^{-14}\,(mol/L)^2$$

와 같은 관계가 성립해요. 이 K_W를 물의 **이온곱**이라고 해요.

pH는 수소 이온 농도의 대수값

용액 중의 H^+의 농도 $[H^+]$를 사용하여 다음과 같은 식으로 계산한 값을 **수소 이온 지수**라고 하며, 기호 pH로 나타내요.

$$pH=-\log[H^+]$$

pH는 $[H^+]$의 대수이므로 값이 1 달라지면 농도는 10배 달라져요. 식 맨 앞에 마이너스 '−'가 붙어 있어서 값이 작을수록 농도가 높은 것을 의미해요. 또한 중성의 물에서는 $[H^+]$와 $[OH^-]$가 같기 때문에 $[H^+]=\sqrt{10^{-14}}=10^{-7}$이 되며, pH=−(−7)로 pH는 7이 돼요. 용액의 산성, 염기성과 pH의 관계에 관해서는 다음 그림과 같아요.

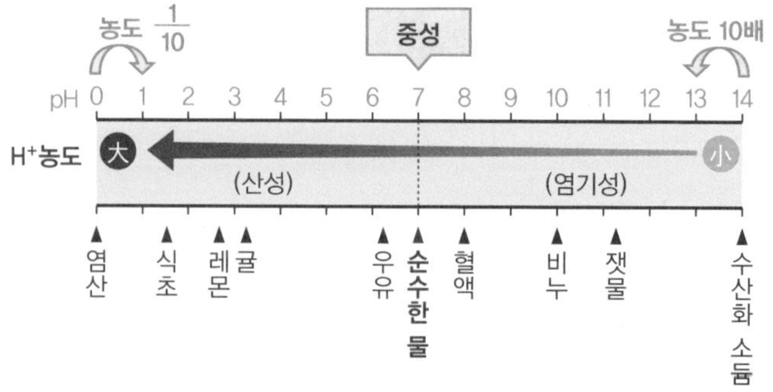

※ [ ]는 농도를 의미

수소 이온 지수

$$pH = -\log[H^+]$$

마이너스 / 수소 이온 농도의 대수

산성	중성	염기성
pH7 보다 아래	pH7	pH7 보다 위

어떤 수용액이 산성과 염기성 어느 쪽에 어느 정도로 기울어 있는지를 나타낸 수치를 pH라고 해요.

기준치가 되는 것은 **순수한 물** pH7이고, 이는 물의 이온곱에서 유도된 것인데……. 그 과정을 잠깐 설명할게요.

물의 이온곱은 일정

$[H^+] \times [OH^-]$

$= 1.0 \times 10^{-14}$ $(mol/L)^2$

① 물 이온곱에서 순수한 물(중성 용액)의 수소 이온 농도를 구할 수 있다.

순수한 물은 중성이므로 $[OH^-]$와 $[H^+]$는 같은 값, 즉 서로의 합은 $[H^+]$의 2승이라고 생각할 수 있다. 그것을 간략하게 표시하여 얻은 10^{-7}이 물 1L 안에 있는 수소 이온의 몰수이다.

$[H^+]^2 = 1.0 \times 10^{-14}$

$[H^+] = 10^{-7}$

순수한 물의 수소 이온 농도는 $10^{-7}(mol/L)^2$

② 그 **대수**(log)를 토대로 물의 pH를 정의하고, 이를 산성 · 염기성의 기준 값으로 정한다.

'대수(log)'란?

예를 들면……

$2^3=8$일 때,

3은 2를 밑으로 하는 8의 대수이다.

$10^{-7} = [H^+]$일 때

−7은 10을 밑으로 하는 $[H^+]$의 대수이다. 즉……

$$\text{물의 pH} = -\log[H^+] = -(-7) = 7$$

중성의 pH를 정수로 나타내기 위하여 일부러 마이너스를 붙였어요.

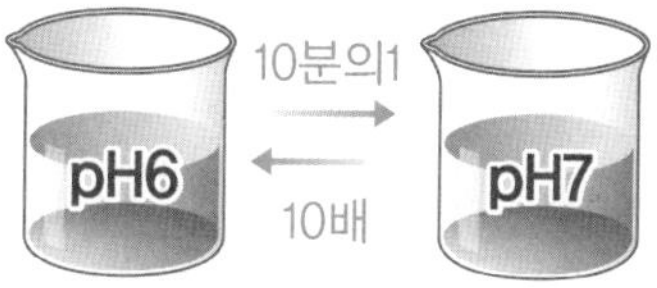

1L 안에 10^{-6}=0.00001 몰의 수소 이온

1L 안에 10^{-7}=0.000001 몰의 수소 이온

또 10을 밑으로 하기 때문에 pH가 '1'만큼 변했을 때 농도는 10배 변하게 돼요. 어휴~ 복잡하다고요? 하지만 기준이 없다면 더 복잡하겠지요.

7 CHAPTER
6 SECTION

중화는 대표적인 산·염기 반응이다.

산과 염기의 반응을 **중화**(반응)라고 하며 보통 발열을 동반해요. 중화 반응에 의한 생성물 중에서 물 이외의 것을 일반적으로 염이라고 해요. 염산(HCl)과 수산화 소듐(NaOH) 반응에서는 염화 소듐(NaCl)이 염이 돼요.

몇 개의 중화 반응을 아래에 나타냈어요. 반응 1, 3, 4, 5, 7, 8, 9에서 생긴 염처럼 H나 OH를 포함하지 않는 염을 **정염(중성염)**이라고 해요. 이에 반해서 H나 OH를 포함한 염을 각각 **산성염**, **염기성염**이라고 해요.

그러나 염의 명칭과 그 염의 수용액의 pH와는 관계가 없어요. 일반적으로 강산과 약염기 사이에서 생긴 염(반응 4, 6, 7)은 산성, 약산과 강염기 사이에서 생긴 염(반응 9)은 염기성이 돼요. 다시 말해서 반응에 관여한 산, 염기 중에서 강한 쪽 성질이 염에 전달되는 거예요.

	산		염기		염		물
❶	HCl	+	$NaOH$	⟷	$NaCl$	+	H_2O
❷	H_2SO_4	+	$NaOH$	⟷	$NaHSO_4$	+	H_2O
❸	$NaHSO_4$	+	$NaOH$	⟷	Na_2SO_4	+	H_2O
❹	HNO_3	+	NH_3	⟷	NH_4NO_3		
❺	HNO_3	+	$NaOH$	⟷	$NaNO_3$	+	H_2O
❻	HCl	+	$Ca(OH)_2$	⟷	$Ca(OH)Cl$	+	H_2O
❼	HCl	+	$Ca(OH)Cl$	⟷	$CaCl_2$	+	H_2O
❽	H_2SO_4	+	$Ca(OH)_2$	⟷	$CaSO_4$	+	$2H_2O$
❾	CH_3COOH	+	$NaOH$	⟷	CH_3COONa	+	H_2O

산과 염기가 서로의 성질을 없애서 **'염'**과 **'물'**을 생성하는 **중화 반응**은, 대표적인 **산 · 염기 반응**이에요. 그런데 어떻게 이런 반응이 일어날까요?

우선 '물'은 산이 방출하는 H^+와 염기가 방출하는 OH^-로 생성돼요.

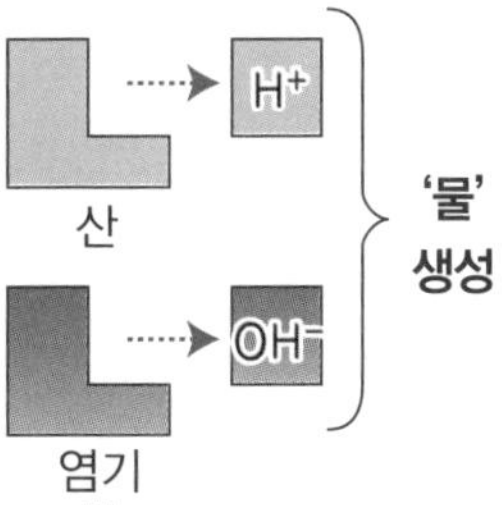

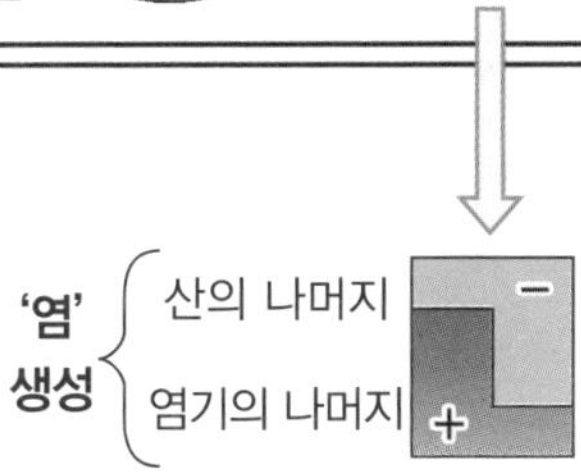

그리고 '염'은 산에서 H^+를 제외한 나머지와 염기에서 OH^-를 제외한 나머지로 얻어지는 **이온성 물질**이에요.

제4장 4–8에서 살펴본 산화물 · 수산화물을 떠올려 볼까요. 이들은 산과 염기로 작용해요.

염기	금속 산화물	수산화물
산	비금속 산화물	옥살산

즉 **산화물 · 수산화물 이외의 이온성 물질**은 기본적으로 '염'이에요.

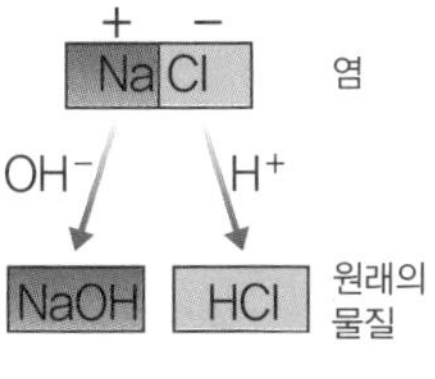

또 하나, 염의 화학식에 H^+와 OH^-를 되돌려주면 원래의 물질을 상상할 수 있겠지요. (이 반응을 '가수 분해'라고 해요.)

'산', '염기', '염', 이처럼 기본적으로 반응물과 생성물을 세트로 이해해두면 화학 반응 전체에 대한 이해의 폭이 넓어져요.

염(생성물)	원래의 물질(반응물)	
	산	염기
$NaCl$	HCl	$NaOH$
KNO_3	HNO_3	KOH
$CaSO_4$	H_2SO_4	$Ca(OH)_2$
$BaCO_3$	H_2CO_3	$Ba(OH)_2$
NH_4Cl	HCl	NH_3

무조건 암기가 아닌, 예를 들어 금속과 비금속의 분류를 산 · 염기 · 염과 관련 지어 이야기할 수 있는지가 더 중요해요.

7 CHAPTER
7 SECTION

산화 환원 반응은 산화수의 증가·감소에 주목하자!

산화수란 무엇일까?

산화 · 환원은 화학에 있어서 매우 중요한 개념이에요. 이것을 알아보기 위해서는 **산화수**를 이용하는 것이 편리해요. 산화수는 다음과 같이 정해져요. ( ) 안은 산화수.

- **이온의 산화수는 이온의 전하와 같다.**
  Na^+(+1), Cl^-(−1), Fe^{2+}(+2), Fe^{3+}(+3)
- **홑원소 물질을 구성하는 원자의 산화수는 0이다.**
  H_2(0), O_2(0), O_3(0), 다이아몬드(C=0)
- **분자 중에서 수소, 산소의 산화수는 각각 +1, −2이다.**
- **전기적인 중성 분자를 구성하는 모든 원자의 산화수 합은 0이다.**
  HNO_3 중의 N의 산화수를 x라고 했을 때 다음 식에 의해서 $x=5$예요.

$$1+x+(-2)\times 3=0 \quad \therefore x=5$$

산화수와 산화 환원은 어떤 관계일까?

원자의 산화수가 증가했을 때 그 원자는 **산화되었다**고 해요. 반대로 산화수가 감소했을 때는 **환원되었다**고 해요.

산화된 예	환원된 예
$Na \rightarrow Na^+ + e^-$ (Na: 0 → Na^+: +1)	$Cl + e^- \rightarrow Cl^-$ (Cl: 0 → Cl^-: −1)
$S + O_2 \rightarrow SO_2$ (S: 0 → S: +4)	$2FeO \rightarrow 2Fe + O_2$ (Fe: +2 → Fe: 0)
$CH_4 \rightarrow C + 2H_2$ (C: −4 → C: 0)	$C + 2H_2 \rightarrow CH_4$ (C: 0 → C: −4)

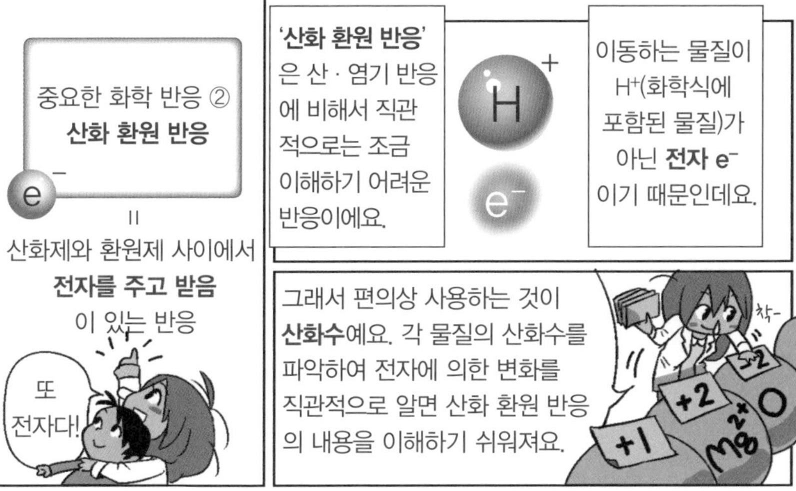

산화수 구하는 법

물질의 종류	산화수	예
① **이온일 때**	이온의 전하와 같다	· Na^+ (+1) · NH_4^+(전체는 (+1)) ↓ N은 (−3), H는 (+1)
② **홑원소 물질일 때**	0	· H_2 (0)
③ **화합물일 때**	구성 원자의 산화수 합계 = 0 화합물 안의 H 원자는 +1※1 화합물 안의 O 원자는 −2※2	· NH_3(합계 (0)) ↓ H는 (+1) 이므로 N는 (−3)

※1 예외적으로 금속의 수소 화합물(NaH 등)에서의 H는 −1　　※2 과산화 수소(H_2O_2)에서의 O는 −1

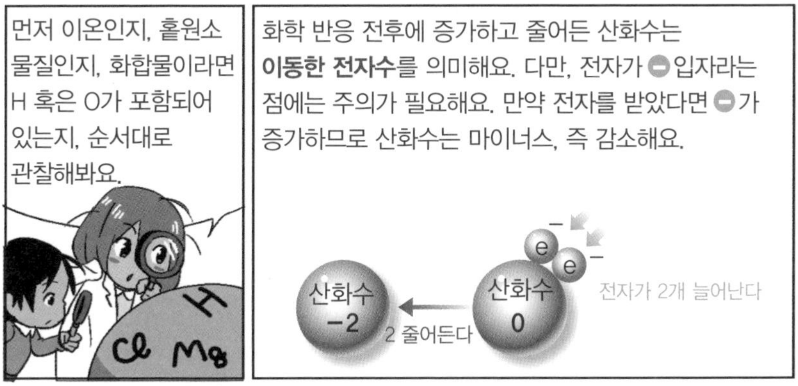

7 CHAPTER
8 SECTION

반응할 때 상대의 산화수를 늘리는 산화제, 줄이는 환원제

원자가 산화, 환원될 때

앞에서 반응 예를 살펴보았듯이 원자가 산화된 경우는 주로 (a) 전자를 방출한 경우, (b) 산소와 결합한 경우, (c) 수소를 방출한 경우예요. 반면에 환원된 것은 (a) 전자를 받은 경우, (b) 산소를 방출한 경우, (c) 수소를 받은 경우예요.

산화제와 환원제는 상호 작용

보통 상대를 산화시키는, 즉 상대의 산화수를 증대시키는 것을 **산화제**라고 해요. 152쪽 표에서 왼쪽 2번째 줄을 보면 산소에 의해서 황(S)의 산화수가 0에서 +4가 되었어요. 여기에서 산소는 산화제가 돼요.

반대로 상대의 산화수를 감소시켜서 환원시키는 것을 **환원제**라고 해요. 152쪽 표의 오른쪽 3번째 줄을 보면 수소에 의해서 탄소의 산화수가 0에서 −4가 되어, 수소는 환원제가 돼요.

아래 표의 반응은 **테르밋**(thermite)이라 부르는 산화철(Fe_2O_3)과 알루미늄(Al)의 혼합물 반응이에요. 반응에 의해서 철(Fe)은 환원되고 알루미늄은 산화되었어요. 여기서 산화철은 산화제로 작용하고 알루미늄은 환원제로 작용했어요. 이처럼 산화제 자신은 반응에 의해서 환원되고 환원제 자신은 산화돼요.

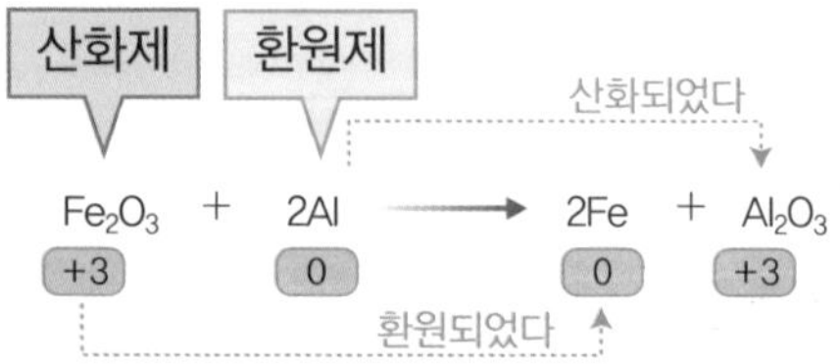

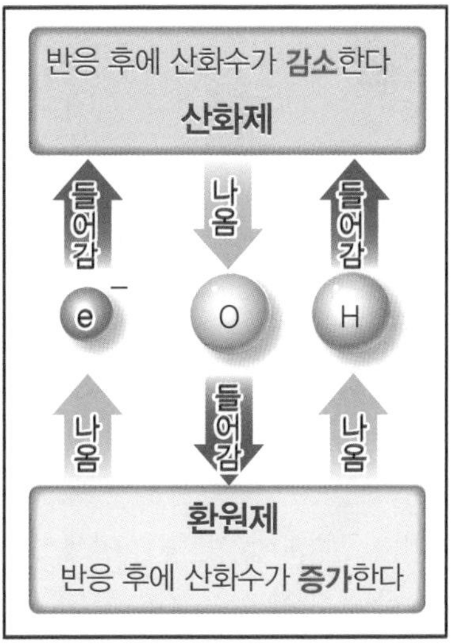

대표적인 산화제

물질		반응 후
과망가니즈산 이온	MnO_4^-	Mn^{2+}
중크로뮴산 이온	$Cr_2O_7^{2-}$	$2Cr^{3+}$
이산화 황※	SO_2	S
과산화 수소※	H_2O_2	$2H_2O$
진한 질산	HNO_3	NO_2
묽은 질산	HNO_3	NO
따뜻한 진한 황산	H_2SO_4	SO_2
염소	Cl_2	$2Cl^-$
산소	O_2	$2H_2O$
오존	O_3	$O_2 + H_2O$

※양쪽이 되기 쉬운 물질

대표적인 환원제

물질		반응 후
소듐	Na	Na^+
황화수소	H_2S	S
이산화 황※	SO_2	SO_4^{2-}
과산화 수소※	H_2O_2	O_2
옥살산	$H_2C_2O_4$	$2CO_2$
철(II)이온	Fe^{2+}	Fe^{3+}
주석(II)이온	Sn^{2+}	Sn^{4+}
아이오딘화 이온	$2I^-$	I_2
싸이오 황산 이온	$2S_2O_3^{2-}$	$S_4O_6^{2-}$

'산', '염기', '염'을 세트로 보는 것처럼, 반응 '전', '후'를 세트로 보도록 해요.

7 CHAPTER 9 SECTION

금속은 용해할 때 산화된다.

금속은 환원제가 된다

황산(H_2SO_4)과 물의 혼합액(묽은 황산)에 금속 아연(Zn)의 백색 판을 넣으면 어떻게 될까요? 아연 표면에 거품이 생기면서 열이 나고, 시간이 지나면 아연판은 녹아서 얇아져요.

이때 일어나는 반응은 아래 그림과 같아요. 즉, 금속 아연(Zn)이 전자를 방출하여 아연 이온 Zn^{2+}이 돼요. 그리고 이때 발생한 전자를 황산에서 발생한 수소 이온 H^+가 받아서 수소 분자 H_2가 되며, 이것이 기체가 되어 거품이 생겨요.

전자를 방출하거나 받는 것이 산화와 환원이다?

전자를 방출하거나 받는 것이 산화와 환원이에요. 이 반응에서 아연은 2개의 전자를 방출하기 때문에 산화수는 0에서 +2로 증가해요. 곧 아연이 산화되었다는 것을 의미해요. 반대로 수소의 산화수는 H^+의 +1에서 H_2의 0으로 감소해요. 즉 수소는 환원된 거예요.

이처럼 많은 반응에서 산화와 환원이 동시에 일어나요. 7-8에서 살펴본 테르밋 반응과 마찬가지예요.

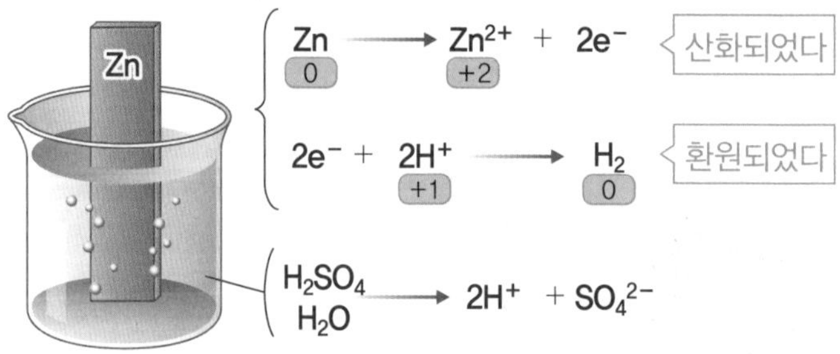

홑원소 물질의
산화수는 '0'
이었어요.

이것이 반응에 의해서
'변화한다'는 것은 대부분
산화수의 증감을 가져와요.

물질	산화수
홑원소 물질	0
이온	0이 아님 (이온 전하가 0이 되지는 않는다)
화합물의 구성 원자	0이 아님 (화합물 전체가 0이기 때문에 구성 원자는 0이 아니다)

Zn이 산화제가 아니라 환원제인 이유는?
답은 **금속 원소**이기 때문이에요.
홑원소 물질의 경우, 단순하게 **전기 음성도**의
경향을 가지고 산화제 · 환원제를 판단할 수 있어요.
즉, **금속과 비금속**으로 나뉘는 거예요.

홑원소 물질	
금속	비금속
전자를 내어 놓는다	전자를 빼앗는다
환원제	산화제

7 CHAPTER
10 SECTION

산화력·환원력 서열의 이온화 경향

이온이 되기 쉬운 금속과 되기 어려운 금속

황산 구리($CuSO_4$)의 푸른색 수용액에 아연판을 넣으면 용액은 발열하면서 동시에 푸른색이 옅어져요. 그리고 아연판이 얇아지며 표면이 붉게 변해요.

아연판이 얇아진 것은 Zn이 Zn^{2+}로 녹아 나왔기 때문이에요. 용액 색이 옅어진 것은 Cu^{2+}가 감소했기 때문이며, 아연판이 붉어진 것은 금속 구리(Cu)가 **석출**되었기 때문이에요.

아연과 구리는 어느 쪽이 이온화되기 쉬운가?

위 반응에서는 Zn이 이온화되어 Zn^{2+}가 되었어요. 반대로 Cu^{2+}는 전자를 받아서 Cu가 되었어요. 이는 Zn이 Cu보다 이온화되기 쉽다는 것을 나타내요.

이와 같은 반응을 다양한 금속을 조합시켜서 실험해보면 이온화되기 쉬운 순서를 정할 수 있어요. 이온화되는 경향(성질)을 **이온화 경향**이라고 하고, 그 크기 순서로 금속을 배열한 것을 **금속의 이온화 경향**이라고 해요.

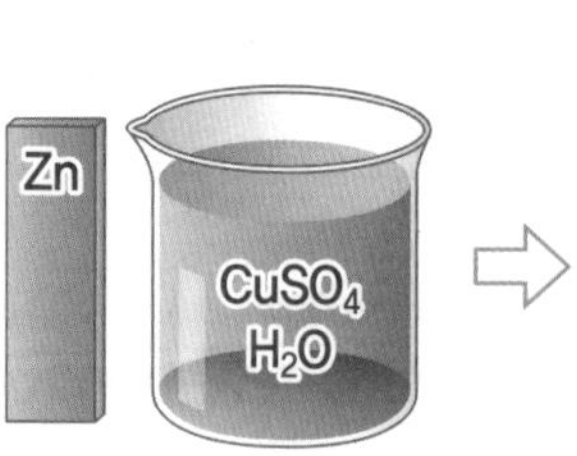

$$Zn \longrightarrow Zn^{2+} + 2e^-$$
$$Cu^{2+} + 2e^- \longrightarrow Cu$$
푸른색 붉은색

산 · 염기에 강약이 있는 것처럼 산화제 · 환원제에도 **산화력 · 환원력의 강약**이 있어요. 이를 상대적 순서대로 배열한 것을 '**이온화 경향**'이라고 해요.

	K	Ca	Na	Mg	Al	Zn	Fe	Ni	Sn	Pb	(H_2)	Cu	Hg	Ag	Pt	Au
환원력	大 ←															小
공기 중의 O_2 와의 반응	상온에서 빠르게 산화된다			가열에 의해서 산화된다										가열해도 산화되기 어렵다		
물 과의 반응	상온에서도 반응하여 수소를 발생시킨다			고온의 수증기와 반응하여 수소를 발생시킨다				반응하기 어렵다								
산 과의 반응	묽은 산에 녹아서(H^+와 반응하여) 수소를 발생시킨다										산화력이 있는 산 (질산 및 따뜻한 진한 황산에 녹는다)				왕수에는 녹는다	

이온화 경향의 크고 작음은 반응성으로 뚜렷하게 나타나요. 특히 반응에 열이 필요하지 않은 원소는 특별해요.

이들은 용액 안에서 움직이므로 전기 음성도의 크고 작음을 그대로 적용할 수 있는 것은 아니지만, 관계가 깊다는 것만은 확실해요. 각 원소의 주기율표상에서의 위치도 확인해 주세요.

참고로 이온화 경향은 모든 원소에 사용되는 개념인데 보통은 금속 원소들 중에서 비교를 할 때 사용돼요.

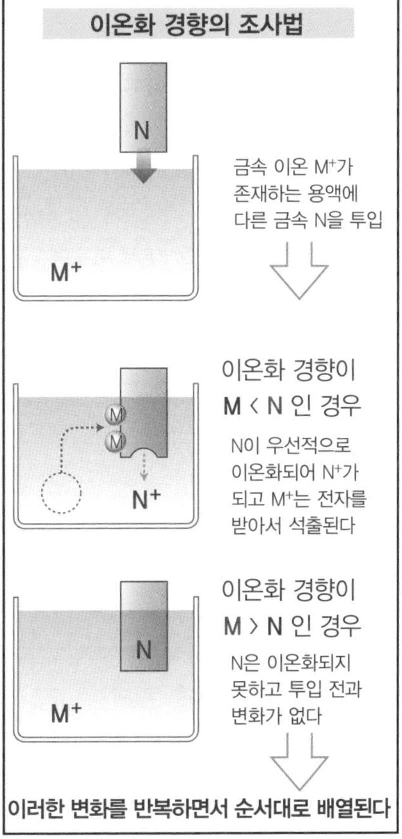

7 CHAPTER 11 SECTION

전지가 에너지를 발생시키는 원리

볼타(Volta) 전지

묽은 황산 용액에 아연판과 구리판을 넣어서 두 개를 전선으로 결합해요. 이 장치를 발명자의 이름을 따서 **볼타 전지**라고 해요. 볼타 전지에서는 이온화 경향이 큰 아연이 Zn^{2+}로 녹아 나와서 아연판 위에 전자가 남아요. 이 전자는 전선을 통해서 구리판에 흐르고 여기서 용액 속의 H^+와 반응하여 H_2가 돼요.

볼타 전지에서 일어나는 반응

위에서 살펴본 것처럼 볼타 전지에서는 전자가 Zn에서 Cu를 향해서 이동해요. 전자의 이동은 전류예요. 이는 Zn−Cu 사이에 전류가 흐르는 것을 의미해요. 실제로 전선에 모터를 연결하면 회전해요. 이 에너지는 아래 그림과 같이 출발계와 생성계 사이의 에너지 차이 ΔE에 의한 것이에요.

이처럼 간단한 장치가 전지로서 기능해요. 전자가 발생한 아연판을 **(−)극** 혹은 **산화전극(anode)**, 전자를 받은 구리판을 **(+)극** 혹은 **환원전극(cathode)**이라고 해요.

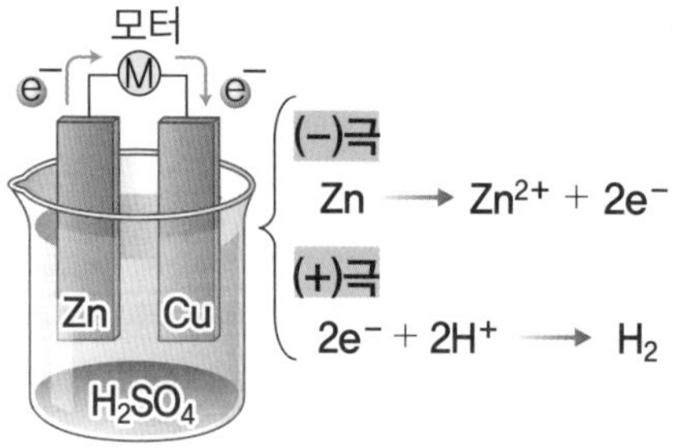

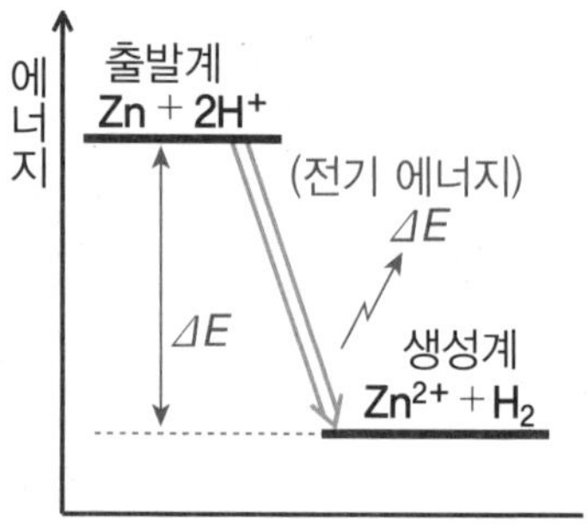

이온화 경향이 다른 3종류의 원소를 이용하여 발명한 것이 **'건전지'** 예요.

볼타 전지에 사용되는 원소와 이온화 경향

Zn	>	H	>	Cu
대		중		소

이온화 경향의 순서에 따라 화학 반응이 진행되며 거기서 얻은 에너지가 전기 에너지로 변환돼요.

볼타 전지 장치

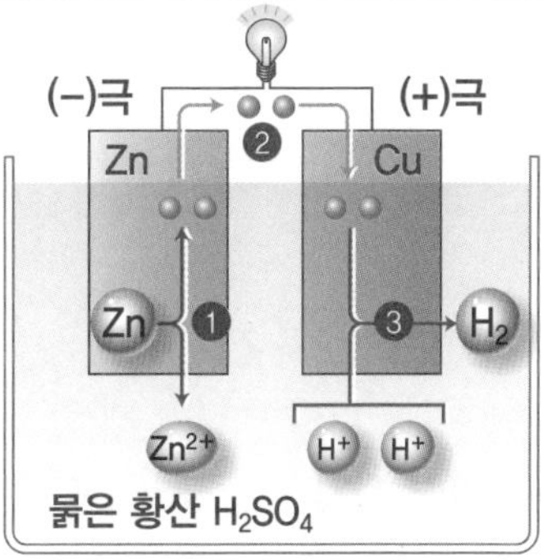

❶ Zn 대가 전자를 방출하여 이온화

⇩

❷ 전자가 전선을 이동

⇩

❸ 전자와 황산에서 해리된 H^+ 중 사이에서 수소 기포가 발생

반응 후의 결과에 주목해 주세요. Zn 대가 우선적으로 이온화할 수 있는 능력을 과시하고 있어요.

	반응 전	반응 후	
이온	$2H^+$	Zn^{2+}	(이온화)
홑원소 물질	Zn	H_2	(분자화)
	Cu	Cu	(무반응)

포인트는 과정 ❸ 용액 안에 H^+가 있어서 전자가 Zn^{2+}와 반응하지 않아요. 이온화 경향이 작은 쪽을 분자화하기 때문이에요.

이온화 경향의 순서를 알아 두지 않으면 용액 안에서 일어나는 화학 반응을 설명하기 어려워요. 이온화 경향 역시 중요한 척도 중 하나예요.

7 CHAPTER
12 SECTION

전지의 종류는 다양하다.

1차 전지와 2차 전지

전지에는 다양한 종류가 있어요. 볼타 전지처럼 화학 반응을 이용한 전지를 **화학 전지**라고 해요. 주변에 있는 거의 모든 전지는 화학 전지예요. 또 볼타 전지나 건전지처럼 전기 에너지를 다 쓰면 재사용할 수 없는 것을 1차 전지라고 해요. 반면에 배터리나 니켈 · 카드뮴 축전지처럼 충전하면 반복해서 사용할 수 있는 전지를 2차 전지라고 해요.

수소 연료 전지

수소 가스를 원료로 산소와 반응시켜서 연소 에너지를 전기 에너지로 바꾸는 장치예요. 최종 생성물이 물이기 때문에 친환경 에너지라고 할 수 있어요.

원리와 구조는 아래 그림과 같아요. (−)극으로 들어간 H_2는 전극 위에 있는 백금 촉매에 의해서 H^+와 전자 e^-로 전리돼요. 전자 e^-는 전선을 통해서 (+)극으로 가고, H^+도 전해액 안을 통과하여 (+)극으로 가요. 여기서 H^+와 e^-는 (+)극에 들어온 O_2와 반응하여 물이 돼요.

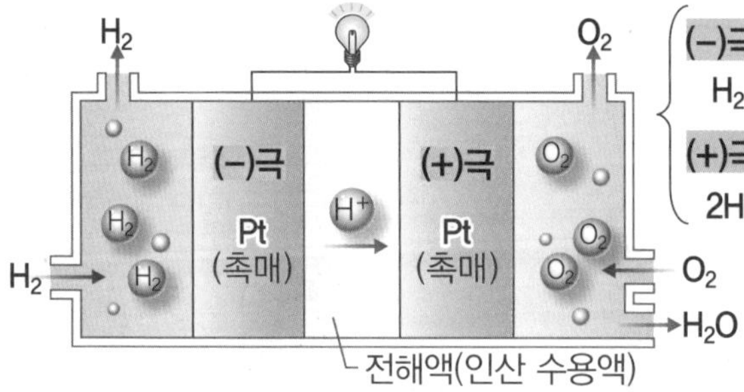

(−)극

$$H_2 \longrightarrow 2H^+ + 2e^-$$

(+)극

$$2H^+ + O + 2e^- \longrightarrow H_2O$$

최초의 1차 전지는 볼타 전지였어요. 더 효과적인 금속 조합을 찾기 위한 연구가 활발하게 진행 중이며, 현재 다양한 종류가 만들어지고 있어요.

다양한 전지

전지의 분류		예
화학 전지	1차 전지 (1회용)	• 망가니즈 전지 • 알카리 망가니즈 전지 • 옥시라이드 전지 • 산화은 전지 • 수은 전지 • 공기 아연 전지 • 리튬 전지
화학 전지	2차 전지 (충전 타입)	• 납 축전지 • 리튬 이온 2차 전지 • 니켈 · 수소 축전지 • 니켈 · 카드뮴 축전지
물리 전지		• 태양 전지 • 열 전지 • 원자력 전지
생물 전지		• 산소 전지

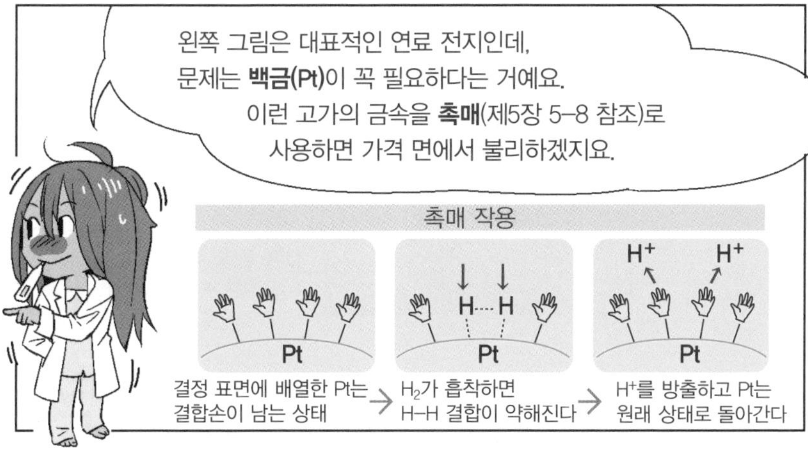

7 CHAPTER
13 SECTION

태양 전지의 원리

p형 반도체, n형 반도체란 무엇인가?

진성 반도체(intrinsic semiconductor)의 실리콘(Si)은 14족 원소이므로 4개의 원자가 전자를 가져요. 여기에 원자가 전자가 5개인 15족 인(P)을 소량 더했을 때 형식적으로 원자가 전자가 과잉되어 **불순물 반도체**가 생겨요. 이것을 마이너스 전하(negative)의 앞 글자를 따서 **n형 반도체**라고 해요.

반대로 원자가 전자가 3개인 13족 붕소(B)를 더해주면 전자가 부족해요. 이것을 플러스 전하(positive)의 앞 글자를 따서 **p형 반도체**라고 해요.

태양 전지는 어떤 구조인가?

태양 전지의 구조는 아래 그림과 같아요. 표면의 투명 전극과 매우 얇고 실제로 투명한 n형 반도체를 빛이 통과하여 **pn 접합면**에 이르면, 거기서 빛 에너지에 의해서 전자 ⓔ⁻와 정공※ ⊕이 생겨요. 이들이 반도체를 통과하여 전극에 이르고 거기서 전선을 통해서 꼬마 전구에 이르러 전구를 점등시키는 거예요.

태양 전지는 금속판과 같은 가동 부분이 없어서 고장이 적고 수리할 필요도 없어서 등대 등 무인 지역의 전원에 적합해요. 또 발전에 따른 폐기물도 없기 때문에 친환경 전원이라고 할 수 있어요.

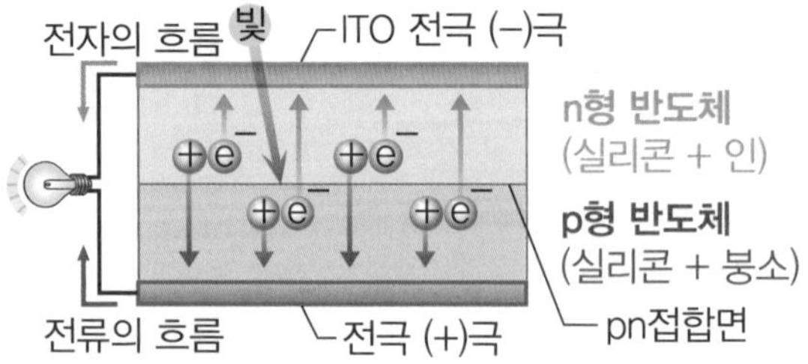

※ 역자 주: 정공(양공) – 반도체 용어로 반도체의 원자 간을 결합하고 있는 전자가 밖에서 에너지를 받아 보다 높은 상태로 이동하면서 남게 된 결합이 빠져나간 구멍(hole)

태양 전지의
재료는 2종류의
불순물 반도체예요.
(제6장 6-8 참조)
n형 반도체
과잉 전자를
갖는다
p형 반도체
정공(hole)을
갖는다
앞에서 설명한 화학
전지와는 달리 빛이
라는 물리적 에너지를
전기 에너지로 변환
하는 '물리 전지'에
해당해요.
태양 전지 장치
빈 공간
n형
p형
접합부의 전자와 정공이
서로 상쇄하여 '빈자리'가 생긴다
빛
Si의 원자가 전자가
빛 에너지를 흡수하면
전도 전자가 되고,
동시에 정공도 증가한다
전자와 정공의 흐름이 생겨나서
전극을 연결하면 외부로
전류를 방출할 수 있다
태양 전지도
예전에는 가격이
비쌌지만
최근에는 그렇게
그…다…지…
부들부들
프린세스
선생님!!!?
꽈당
아픈데도
많이
참았군요…
40℃!?
먹은 거라곤
국수뿐이었어.
더 복잡한 화학 반응도
가르쳐야 하는데……
미안……
미안하지만 빨간 스틱에
달린 둥근 스위치
좀 눌러 줄래…?
이거
말이
지요!?

Column

산성 식품, 염기성 식품

일반적으로 산성 물질은 신맛이 나는 데 반해서 염기성 물질은 고유의 맛이 없는 것 같아요. 식품은 산성 식품과 염기성 식품으로 분류할 수 있어요. 레몬이나 매실 장아찌는 신맛이 강해요. 하지만 이것들은 염기성 식품으로 분류돼요. 신맛이 나는데 왜 산성 식품이 아닐까요?

왜냐하면 식품의 산성이나 염기성은 식품 그 자체의 성질이 아니라 식품을 태웠을 때 남는 잔여 성분의 성질에 의해서 정해지기 때문이에요. 식물의 구성 성분의 대부분은 유기물의 셀룰로우스이지만, 그 외 포타슘(K)이나 칼슘(Ca) 등 흔히 **미네랄**이라 불리는 것이 포함되어 있어요. 셀룰로우스를 연소시키면 물과 이산화 탄소가 되어 휘발하는데, 미네랄의 대부분은 금속이기 때문에 산화되었을 때 **염기성 산화물**이 돼요. 그래서 레몬이나 매실도 염기성 식품에 속해요. 재를 물에 녹인 잿물이 염기성인 것도 같은 이유예요.

한편 고기나 생선의 주성분은 단백질이며 질소(N)나 황(S)을 포함해요. 이것을 태우면 산성 산화물이 돼요. 그래서 산성 식품이라고 해요.

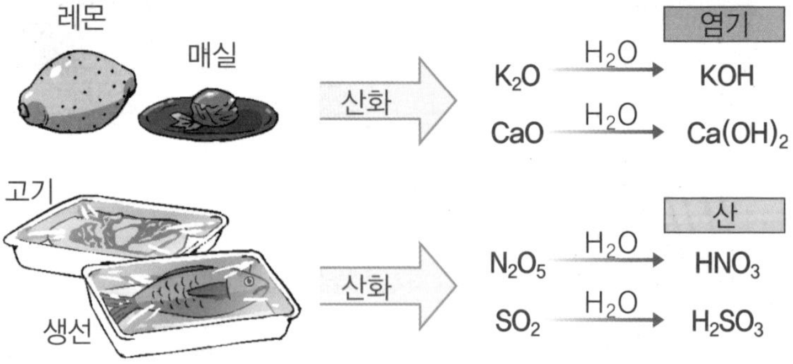

제 8 장

레어 메탈과 방사성 원소

금속 중에서도 희소성이 있는 특별한 것을 '레어 메탈(희소 금속)'이라고 해요. 레어 메탈은 합금에 사용되어 경도와 내열성을 강화시켜요. 또한 자성과 발광성이 뛰어나서 레이저의 광원으로도 빼놓을 수 없을 만큼 현재 과학에 있어서 꼭 필요한 원소예요. 방사성 원소는 위험하지만 원자로와 관련해서 중요한 원소예요.

8 CHAPTER
1 SECTION

레어 메탈(rare metal)은 각국의 산업 환경에 따라 다르다.

레어 메탈의 의미

매스컴에서 **레어 메탈**이라는 말을 종종 듣는데, 레어 메탈이란 과연 무엇일까요? 레어는 '희소', 메탈은 '금속'이라는 뜻으로, 즉 '희소 금속'을 의미해요.

원소를 분류하는 방법은 여러 가지가 있어요. 금속 원소 · 비금속 원소, 기체 원소 · 고체 원소 등 원소의 성질로 나누거나, 주족 원소 · 전이 원소와 같이 전자 배치에 따라 분류하기도 해요. 이러한 분류는 과학적인 분류예요.

레어 메탈은 과학적 분류가 아니다

한편 레어 메탈이라는 분류는 과학적인 분류가 아니에요. 정치적 · 경제적인 분류예요. 원래 '희소'라는 정의 자체가 애매한데요. 예를 들어 한국에서는 거의 산출되지 않아서 레어 메탈이지만 주요 산출국인 중국 입장에서는 레어가 아니기 때문이에요.

'금속'이라는 정의 역시 불분명해요. 레어 메탈은 보통 47종류로 지정되어 있지만 그 중에는 붕소처럼 비금속인 원소도 포함되어 있어요.

정리하면 레어 메탈이란 '첨단 산업에 꼭 필요한 원소이지만 산출량이 적어서 수입에 의존해야 하는 원소'를 의미해요. 일각에서는 산업의 '비타민'에 비유하기도 했지만, 현재는 사용량이 크게 늘어서 '쌀'이라고 비유하기도 해요.

오!
프린세스!!!
집사
도착
아이쿠
저희에게 SOS로 위치를 알려 주어서 감사합니다. 프린세스께서 갑자기 모습을 감추셔서 세계 곳곳을 한참이나 찾아 다녔습니다.
설마 이런 **과거**로 타임 슬립을 하셨을 줄이야.
프린세스! 내 실험복과 안경 못 봤어요?
근데 왜…… 어? 잘생긴 이쪽은 누구……?
…… 혹시
으응…… 그러니까……
진지
이 아이에게 **무기 화학** 이야기를 해주고 있었어……
솔깃
어디, 어디? 정말 잘생긴 친구네. 화학 좋아해요?
에? 뭐… 그냥……
그럼, 본론으로 들어가서 **요즘 화학과 관련해서 가장 핫한 이슈가 '레어 메탈과 방사성 물질'이 아닐까 하는데요!**
아니! 선생님은 나예요… 윽!
아직 움직이시면 안 돼요!!
이분은 프린세스 샘의 선생님

8 CHAPTER
2 SECTION

갖고 싶어도 얻기 힘든 '레어 메탈' 원소

레어 메탈인지 어떻게 정할까?

레어 메탈은 희소 금속이지만 '희소'의 정의는 좀 독특해요.

❶ 지각 중에서 산출량이 적다.
❷ 산출 장소가 특정 지역에 집중해 있다.
❸ 분리 정련이 곤란하다.

레어 메탈에는 어떤 것이 있을까?

일반적으로 아래 그림에 제시한 47종류의 원소가 레어 메탈로 분류되어 있어요. 자연계 원소가 약 90종류이니까 약 절반 이상이 레어 메탈이에요. 또한 금속 원소는 거의 70종류인데 그 중 3분의 2 이상이 레어 메탈이에요.

3족의 **레어 어스**(희토류)는 17종류 모두가 레어 메탈이에요. $\frac{17}{47}$ 이니까 꽤 높은 비율이죠. 레어 어스에 관해서는 뒤에서 자세히 살펴볼게요.

준비 완료!
멋짐!
'레어 메탈'이란 수요에 비해 공급이 적은 금속이에요. 물론 수요는 국가나 수요자에 따라 다르겠지요. 여기서는 A 국가의 예를 들어 설명할게요.
마트에서 사온 흰 가운과 사각 테 안경
어떤 금속이 레어 메탈인지 아닌지를 조사하기 위해서는 3개의 체크 포인트가 필요해요.
같이 체크해 볼까요?
윙- 윙-
윙-
금속
1
2
3
3개 중에서 1개라도 체크되면 레어 메탈이고 반대로 3개 다 통과된 금속은 그냥 일반 금속이에요. 결과적으로 전체 원소의 수로 봤을 때 레어 메탈은 많은 편이에요. 좀 의외죠?
자연에 존재하는 금속
(약 90종류)
일반 금속 약 43종류
레어 메탈 47종류
우선 '지각에서의 산출량이 적다'를 체크! 그래서 레어 메탈이라 불리니까요.
OK
금속
어쩌지? 2번째 체크에서 걸리고 말았네요. '② 산출 지역이 편중되어 있다'는 이유로 레어 메탈이 되겠어요. 다음 8-3에서 좀 더 자세히 살펴볼게요.
금속

8 CHAPTER
3 SECTION

산출 지역이 편중되어 있는 레어 메탈

레어 메탈의 산출 조건을 다시 한 번 살펴볼게요. 산출량이 많더라도 특정 지역이나 국가에서만 산출될 경우 역시 레어 메탈이라고 해요.

레어 메탈의 문제는 바로 이 점에 있어요. 레어 메탈의 전체 매장량은 결코 적지 않아요. 다만 특정 국가에 편중되어 있어요. 그리고 자원 빈국인 우리나라에서는 거의 산출되지 않아요.

아래 그림의 세계지도에 레어 메탈의 주요 산출국을 표시했어요. 수소 연료 전지의 촉매나 삼원 촉매로 없어서는 안 되는 백금은 90%가 남아프리카 공화국 한 곳에서 산출돼요. 리튬 전지의 원료로 앞으로 점점 수요가 증대할 것으로 예상되는 리튬은 70%가 칠레에서 산출되고 있어요.

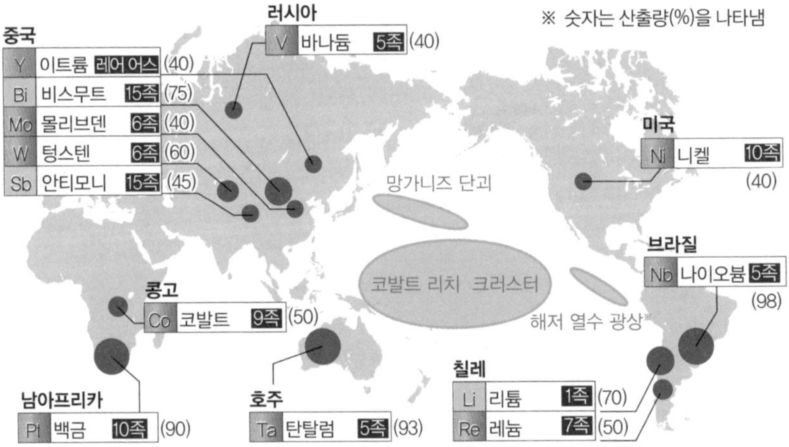

※ 역자 주: 해저 열수 광상 – 해저 자원의 하나로 바닷물이 마그마에 데워지면서 지각에 포함된 금속 성분과 함께 분출하면서 해수에 의해 냉각되어 형성된 광물 자원

대부분의
금속은 광석 속에서
화합물로 존재하기
때문에 분리하고
정제하는 과정
(정련)을 거쳐서
비로서 손에 넣을
수 있어요.
정련이란?
II
원료인 광석 등에서
순수한 금속만을 꺼내는 작업
M
(극히 미량)
즉 레어 메탈을
포함한 광석을
많이 소유한
국가가 제조업
에서 자원
대국이에요.
레어 메탈
자원이 풍부한
나라는 중국
이에요.
다양한 종류를
폭넓게 산출
하고 있어요.
레어 메탈 국가별 매장량(%)
제1위 매장국 상위 5개국
100
80
60
40
20
0
브라질
호주
남아프리카
칠레
중국
중국
콩고
우크라이나
중국
Nb Ta 백금족 Li Bi W Co Mn 레어 어스
금속이 싼 값에
널리 유통된다면
'산출 지역의 편중'
이 레어 메탈의
조건이 될 리
없겠지요.
저에게도
조금
나누어
주세요.
딱하네……
이 빵으로
기운 좀
차리세요.
아니, 그게 아니라
저는 레어 메탈을
조금 나누어 달라고……
오! NO~
물론 자원국은 수출을
엄격하게 규제하고
있어요.
여기서 말하는 '레어'란
자원국들과의 정치적,
경제적인 문제까지
포함되어 있어요.
귤

8 CHAPTER 4 SECTION

합금, 전자 부품 등의 기능성 재료로 주로 사용되는 레어 메탈

휴대폰은 레어 메탈의 덩어리

우리 주변에서 레어 메탈이 어디에 사용되는지 한번 살펴볼까요? 반지의 백금(Pt), 안경테의 타이타늄(Ti), 스테인리스의 크로뮴(Cr)이나 니켈(Ni), 백열 전구의 텅스텐(W) 등 헤아릴 수 없을 정도예요.

그 중에서도 다양한 레어 메탈이 사용되고 있는 물건은 바로 첨단 과학의 산물인 휴대폰이에요. 어떤 레어 메탈이 어디에 사용되었는지를 아래 그림에 나타냈어요.

합금에도 레어 메탈이 들어 있다?

레어 메탈 종류의 $\frac{1}{3}$은 **레어 어스**인데, 레어 어스 이외의 레어 메탈의 주요 용도는 합금이에요.

단단하고 금속 가공 등에 이용되는 고경도강, 고온에 견디는 내열강, 고속 회전하는 드릴의 칼날에 사용되는 고속도강 등의 특수강에는 몰리브덴(Mo), 망가니즈(Mn), 바나듐(V) 등 다양한 종류의 레어 메탈이 사용되고 있어요.

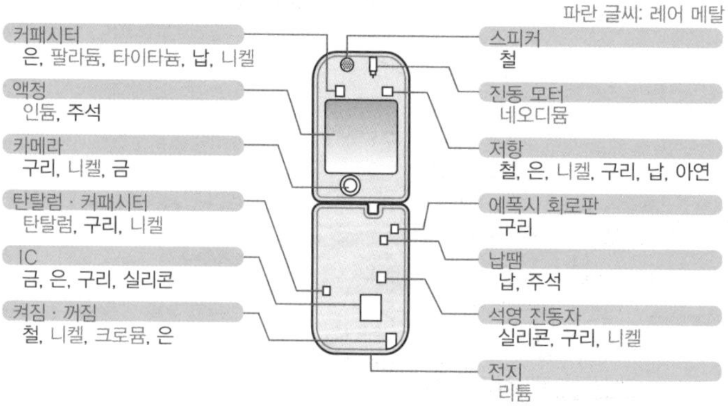

그것이 포함된 제품을 나열해 보면 중요성을 한눈에 알 수 있어요.

- 리튬 전지
- 스테인리스
- 영구 자석
- 형상 기억 합금
- X레이 조영제
- 발광 다이오드
- 투명 전극
- 트랜지스터
- 복사기
- 항공기
- 인공 뼈

주족 원소나 전이 원소의 레어 메탈을 일반 금속에 조금만 첨가해도 특정 기능을 강화한 '**레어 메탈 합금**'을 만들 수 있어요.

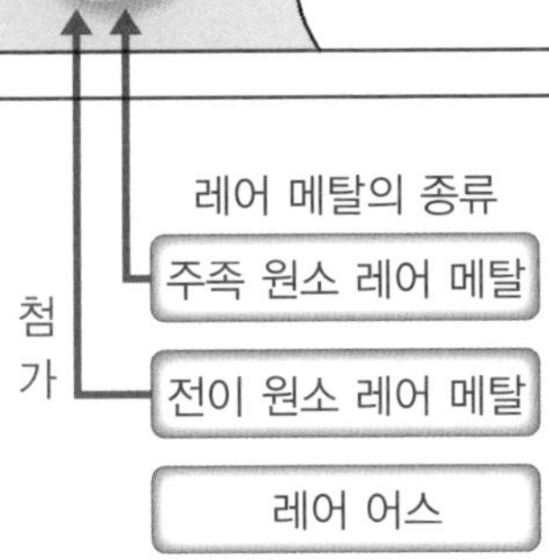

미량만 넣어도 일반 합금에서는 얻을 수 없는 뛰어난 기능이 있어서, 새로운 기술이나 산업의 버팀목 역할을 해주고 있어요.

레어 메탈 합금의 종류와 성분

	니켈 Ni	크로뮴 Cr	텅스텐 W	코발트 Co	몰리브덴 Mo	망가니즈 Mn	바나듐 V
스테인리스강	●				●	●	
고경도강	●	●			●	●	●
초내열강	●	●	●		●		●
고속도강		●	●	●	●		●

8 CHAPTER 5 SECTION

레어 어스(rare earth)의 특수성

레어 어스와 레어 메탈은 어떻게 다른가?

레어 메탈과 함께 자주 듣는 것으로 **레어 어스**(희토류)가 있어요. 레어 어스는 레어 메탈의 일종이에요.

레어 메탈이 정치적, 경제적인 분류라면 레어 어스는 순수하게 화학적인 분류예요. 레어 어스는 주기율표의 3족 중에서 스칸듐(Sc), 이트륨(Y), 란타넘 족 원소 15종류를 합한 17종류의 원소예요.

레어 어스는 서로 비슷한가?

레어 어스, 특히 란타넘 족 원소들은 서로 성질이 비슷해요. 전자 배치 때문인데요. 제5장 5-1, 5-2에서 살펴본 바와 같이 전이 원소에서는 새롭게 늘어난 전자가 안쪽의 전자 껍질로 들어가요. 레어 어스에서는 새롭게 늘어난 전자가 안쪽보다 더 안쪽, 즉 가장 바깥 껍질에서 2단계 안쪽의 **f오비탈**에 들어가요.

이것을 옷에 비유하자면 언더웨어와 같아요. 밖에서는 차이를 구별하기가 꽤 어려워요.

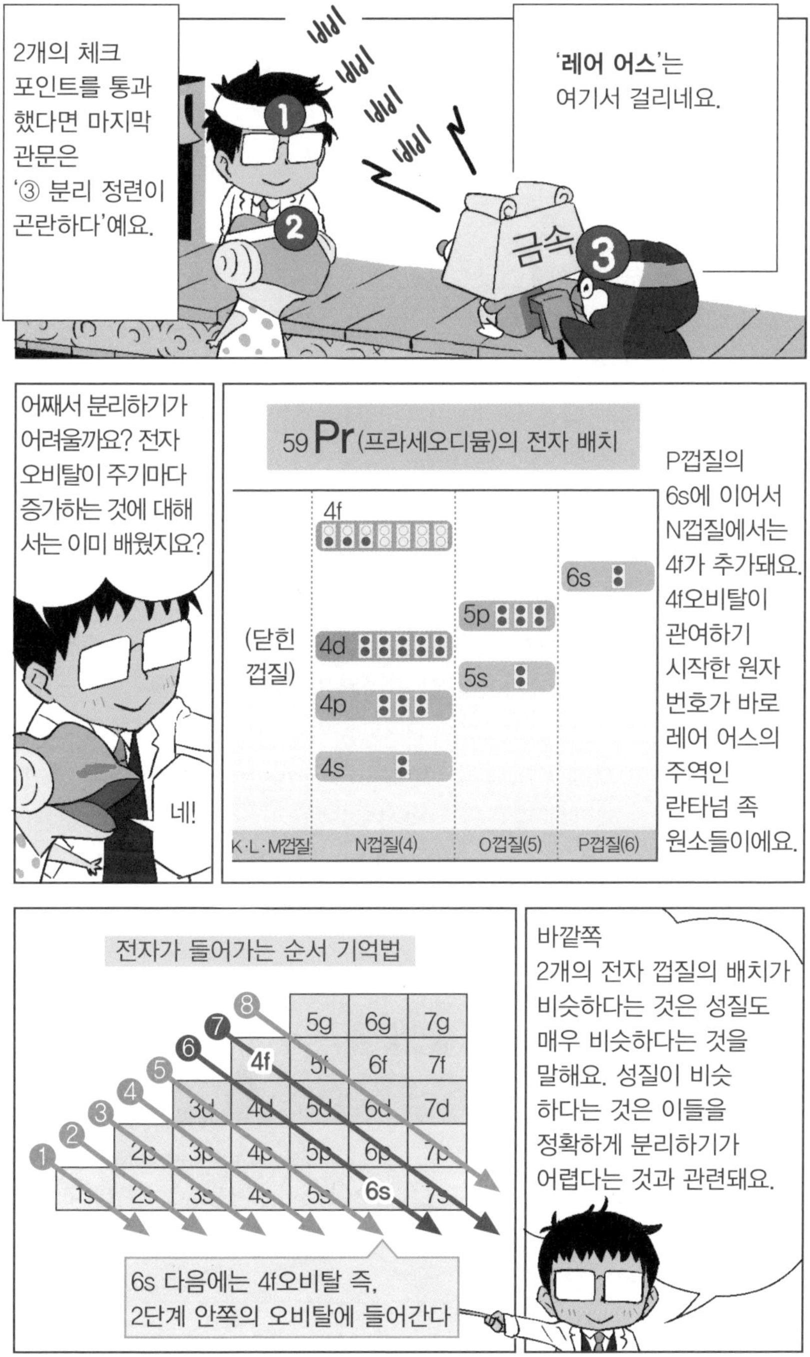
2개의 체크 포인트를 통과 했다면 마지막 관문은 '③ 분리 정련이 곤란하다'예요.
'레어 어스'는 여기서 걸리네요.
금속
어째서 분리하기가 어려울까요? 전자 오비탈이 주기마다 증가하는 것에 대해서는 이미 배웠지요?
네!
59 Pr(프라세오디뮴)의 전자 배치
4f
6s
5p
(닫힌 껍질)
4d
5s
4p
4s
K·L·M껍질
N껍질(4)
O껍질(5)
P껍질(6)
P껍질의 6s에 이어서 N껍질에서는 4f가 추가돼요. 4f오비탈이 관여하기 시작한 원자 번호가 바로 레어 어스의 주역인 란타넘 족 원소들이에요.
전자가 들어가는 순서 기억법
5g 6g 7g
4f 5f 6f 7f
3d 4d 5d 6d 7d
2p 3p 4p 5p 6p 7p
1s 2s 3s 4s 5s 6s 7s
6s 다음에는 4f오비탈 즉, 2단계 안쪽의 오비탈에 들어간다
바깥쪽 2개의 전자 껍질의 배치가 비슷하다는 것은 성질도 매우 비슷하다는 것을 말해요. 성질이 비슷하다는 것은 이들을 정확하게 분리하기가 어렵다는 것과 관련돼요.

8 CHAPTER 6 SECTION

레어 어스(희토류)는 정련하기 어렵고 광석에 방사성 물질이 들어 있다.

레어 어스는 토양인가?

레어 어스는 '어스'라는 말에서 알 수 있듯이 산출되었을 때 흙이나 모래처럼 보일 때가 많아요. 하지만 순수하게 산출한 레어 어스는 금속이에요.

레어 어스는 세계 많은 지역에서 발견되고 있어요. 매장량도 자원의 고갈을 걱정할 만큼 적은 양은 아니에요.

레어 어스가 어떻게 레어 메탈이 되는가?

레어 어스가 레어 메탈이 된 이유는 무엇일까요? 아래 그림에서 보듯이 중국의 산출량은 매년 다른 국가를 압도하여 증가하고 있어요. 레어 어스는 중국 외에 다른 곳에서 구입하기 어려워요. 그런 의미에서 레어 메탈이에요.

그런데 실은 중국에 매장량이 많아서가 아니에요. 레어 어스는 분리 · 정련이 곤란하고 게다가 원료에는 방사성 원소가 섞여 있어요. 이렇게 위험하고 곤란한 작업을 하는 국가가 현재 중국밖에 없어요.

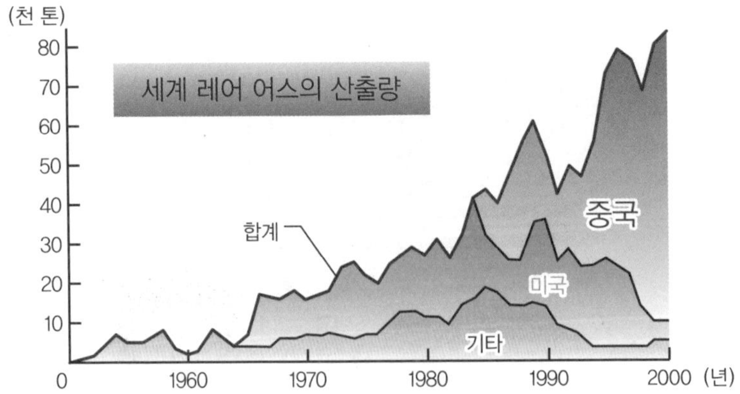

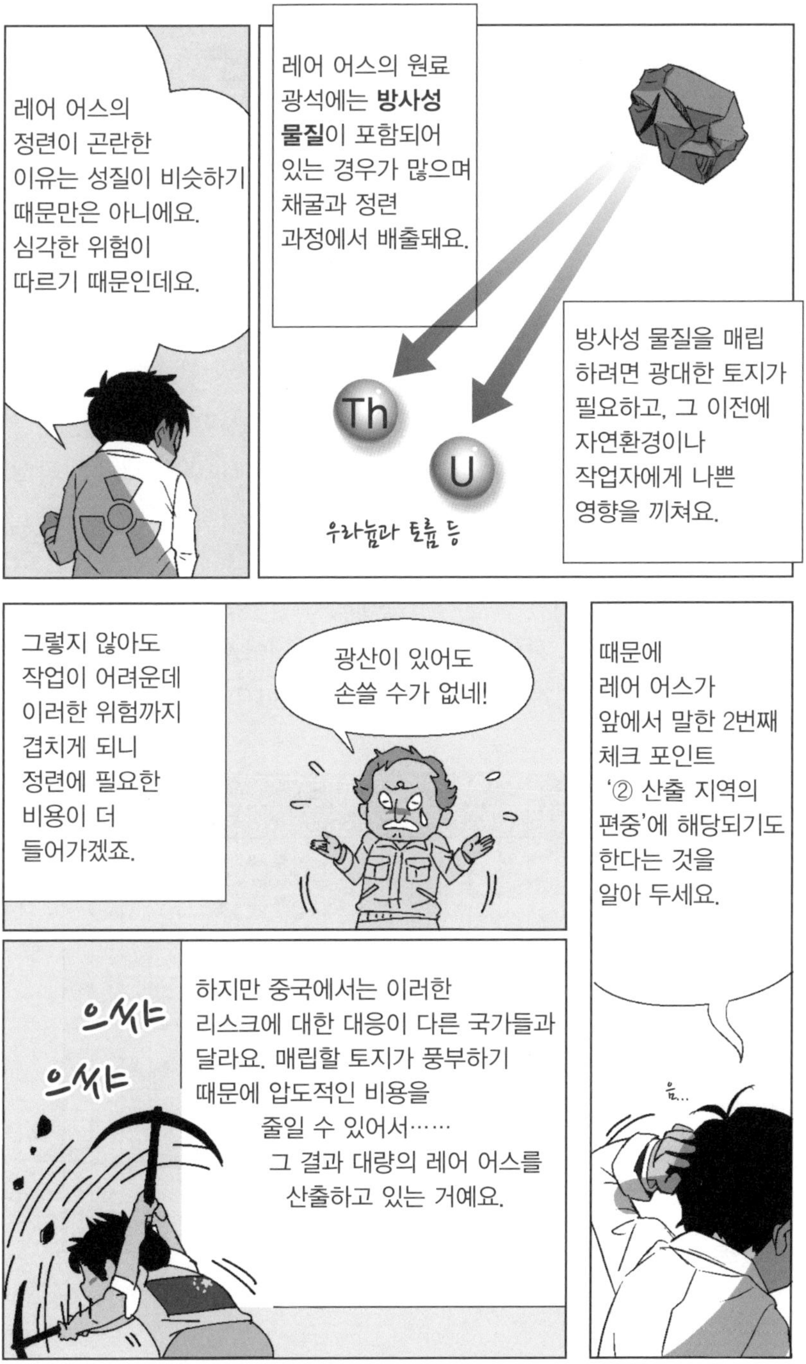
레어 어스의 정련이 곤란한 이유는 성질이 비슷하기 때문만은 아니에요. 심각한 위험이 따르기 때문인데요.
레어 어스의 원료 광석에는 **방사성 물질**이 포함되어 있는 경우가 많으며 채굴과 정련 과정에서 배출돼요.
Th
U
우라늄과 토륨 등
방사성 물질을 매립하려면 광대한 토지가 필요하고, 그 이전에 자연환경이나 작업자에게 나쁜 영향을 끼쳐요.
그렇지 않아도 작업이 어려운데 이러한 위험까지 겹치게 되니 정련에 필요한 비용이 더 들어가겠죠.
광산이 있어도 손쓸 수가 없네!
때문에 레어 어스가 앞에서 말한 2번째 체크 포인트 '② 산출 지역의 편중'에 해당되기도 한다는 것을 알아 두세요.
하지만 중국에서는 이러한 리스크에 대한 대응이 다른 국가들과 달라요. 매립할 토지가 풍부하기 때문에 압도적인 비용을 줄일 수 있어서……
그 결과 대량의 레어 어스를 산출하고 있는 거예요.
으쌰
으쌰
음…

8 CHAPTER
7 SECTION

발광 재료 및 자성체로 주로 사용되는 레어 어스

레어 어스는 쓰임새가 다양해요. 단순히 생각했을 때 레어 어스 이외의 레어 메탈이 금속의 용도라면, 레어 어스의 용도는 좀 더 광범위하다고 말할 수 있어요.

표에 레어 어스의 주요 용도를 정리해 보았어요. 우선 형광등, 레이저 등의 발광과 관계된 것으로 텔레비전 등의 각종 모니터의 색체 발광체로서도 레어 어스는 빼놓을 수 없어요.

또 한 가지 특징은 자성이에요. 현대 사회에서 모터는 매우 중요한 역할을 담당하는데, 모터의 생명은 자석이에요. 또한 정보 관리가 자성체에 의해서 유지되고 있다고 해도 과언이 아니에요. 레어 어스가 레어 메탈 중에서도 특히 중요하게 여겨지는 이유가 여기에 있어요.

원자 번호	21	39	57	58	59	60	61	62	63	64	65	66	67	68	69	70	71
원소 기호	Sc	Y	La	Ce	Pr	Nd	Pm	Sm	Eu	Gd	Tb	Dy	Ho	Er	Tm	Yb	Lu
자석 · 자성체 재료						●		●		●	●	●					
광 디스크										●	●	●					
광자기 디스크											●						
형광체		●		●					●		●						
레이저		●			●	●							●	●	●	●	
광 섬유 증폭기														●	●		
콘덴서		●	●			●											
수소 저장 합금			●														
초전도 재료						●											
광학 유리		●	●														

레어 메탈의 이용법 차이
말랑 말랑
불끈 불끈
레어 어스
주족 원소 레어 메탈
전이 원소 레어 메탈
발광 재료 및 자성체 등
합금 등
f오비탈 전자가 관여하는 물성을 이용
(발광의 구조는 제4장 4-3, 강한 자성의 구조는 제5장 5-7 참조)
철족이 강한 자성을 띠며, 알칼리 금속이 불꽃 반응을 보이는 구조…… 프린세스 샘이 잘 가르쳐 주던가?
네!
그렇다고 눈물 콧물까지 흘리세요?
프린세스가 훌륭하게 …… 흑흑
어쨌거나 문제는 이들을 '레어 메탈' 이라고 불러야 하는 상황 그 자체에 있어요.
방사성 물질이 발생한다는 이유로 중국 쪽에 문제를 맡겨버리고 그동안 우리들은 회피만 해왔어요.
하지만 일반 금속으로 대체하는 기술 및 해저 광상(방사성 물질을 포함하지 않음)의 새로운 발견 등등
이제 겨우 문제를 해결할 기술을 찾기 시작했어요.
하지만 선생님! 미래에는 이미 레어 메탈이라는 말 자체가 없어지는 거 아니에요?
물론 ……
물론 문제는 간단하지 않아요! 다음은 방사성 물질에 대해서 소개해 볼게요!
먼저 대답해 주셔야 ……

8 CHAPTER
8 SECTION

초우라늄 원소는 인공 원소이다.

초우라늄이란 어떤 의미인가?

주기율표에는 118종류의 원소가 있는데 지구상의 자연계에 존재하는 것은 원자 번호 92인 우라늄(U)까지 거의 92종류예요.

때문에 우라늄보다 큰 원소를 **초우라늄 원소**라고 구별하고 있어요. 자연계에 존재하지 않는다는 것은 불안정하다는 의미예요. 실제로 원자 번호 100을 넘는 원소의 수명은 길어야 몇 일, 짧은 것은 몇 만분의 1초에 불과해요.

존재하지 않는 원소를 어떻게 조사하는가?

원자로나 싱크로트론(synchrotron) 등 보통 가속기라 불리는 기기를 이용하여 인공적으로 만들어요.

즉, 큰 원자의 원자핵에 중성자나 적당한 원자핵을 충돌시켜서 핵융합시키는 거예요. 예를 들면 원자 번호 118인 오가네손(Og)은 원자 번호 98인 캘리포늄(Cf)에 원자 번호 20인 칼슘(Ca)을 충돌시켜서 만들어졌어요. 합성된 원자는 겨우 한두 개(!)로, 반감기는 0.0089초였다고 해요.

초우라늄 원소

	1	2	3	4	5	6	7	8	9	10	11	12	13	14	15	16	17	18
1	H																	He
2	Li	Be											B	C	N	O	F	Ne
3	Na	Mg											Al	Si	P	S	Cl	Ar
4	K	Ca	Sc	Ti	V	Cr	Mn	Fe	Co	Ni	Cu	Zn	Ga	Ge	As	Se	Br	Kr
5	Rb	Sr	Y	Zr	Nb	Mo	Tc	Ru	Rh	Pd	Ag	Cd	In	Sn	Sb	Te	I	Xe
6	Cs	Ba	란타넘 족	Hf	Ta	W	Re	Os	Ir	Pt	Au	Hg	Tl	Pb	Bi	Po	At	Rn
7	Fr	Ra	악티늄 족	Rf	Db	Sg	Bh	Hs	Mt	Ds	Rg	Cn	Nh	Fl	Mc	Lv	Ts	Og

란타넘 족	La	Ce	Pr	Nd	Pm	Sm	Eu	Gd	Tb	Dy	Ho	Er	Tm	Yb	Lu
악티늄 족	Ac	Th	Pa	U	Np	Pu	Am	Cm	Bk	Cf	Es	Fm	Md	No	Lr

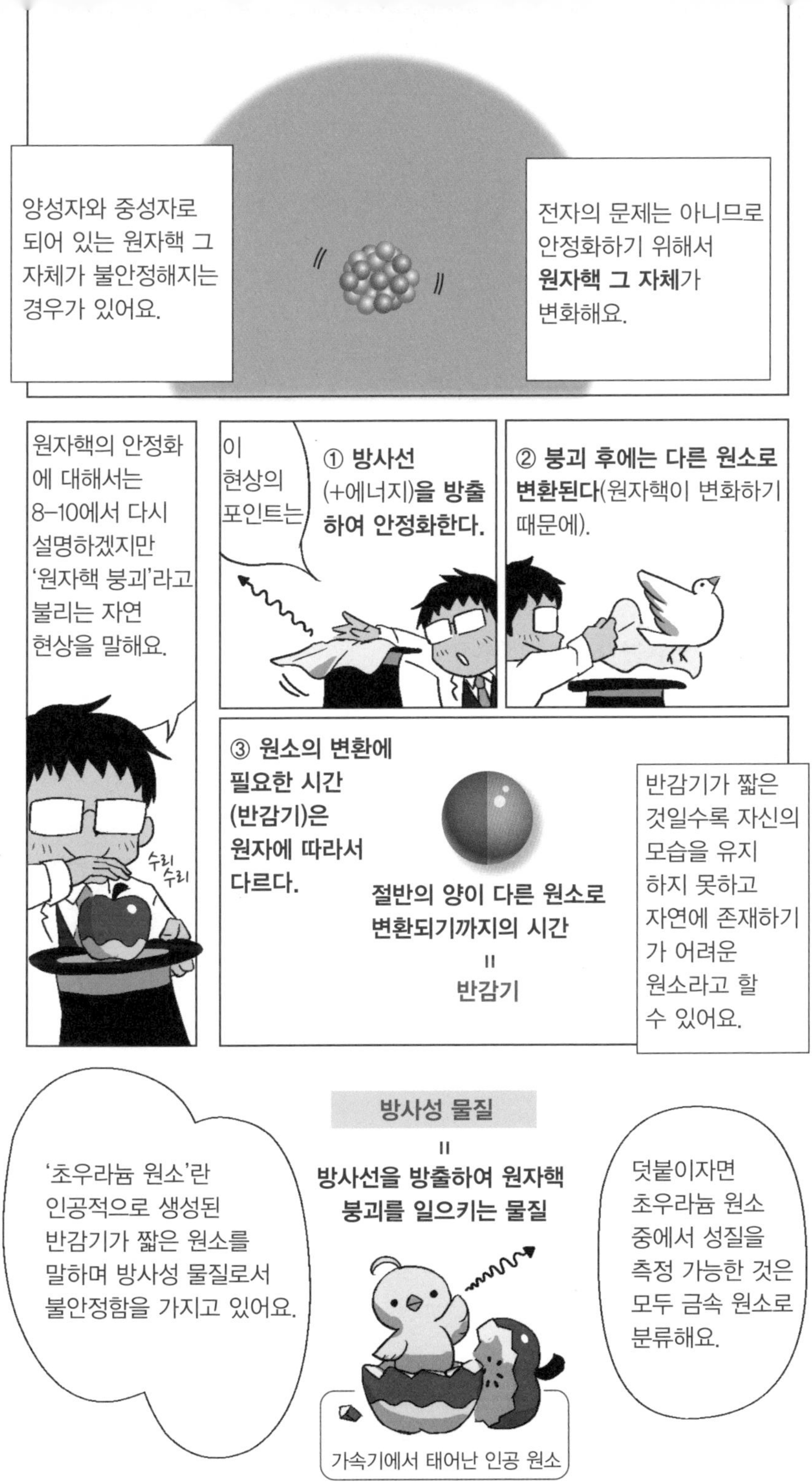

양성자와 중성자로 되어 있는 원자핵 그 자체가 불안정해지는 경우가 있어요.
전자의 문제는 아니므로 안정화하기 위해서 **원자핵 그 자체**가 변화해요.
원자핵의 안정화에 대해서는 8-10에서 다시 설명하겠지만 '원자핵 붕괴'라고 불리는 자연 현상을 말해요.
이 현상의 포인트는
① **방사선**(+에너지)을 **방출하여 안정화한다.**
② **붕괴 후에는 다른 원소로 변환된다**(원자핵이 변화하기 때문에).
수리수리
③ **원소의 변환에 필요한 시간 (반감기)은 원자에 따라서 다르다.**
절반의 양이 다른 원소로 변환되기까지의 시간
=
반감기
반감기가 짧은 것일수록 자신의 모습을 유지하지 못하고 자연에 존재하기가 어려운 원소라고 할 수 있어요.
'초우라늄 원소'란 인공적으로 생성된 반감기가 짧은 원소를 말하며 방사성 물질로서 불안정함을 가지고 있어요.
방사성 물질
=
방사선을 방출하여 원자핵 붕괴를 일으키는 물질
가속기에서 태어난 인공 원소
덧붙이자면 초우라늄 원소 중에서 성질을 측정 가능한 것은 모두 금속 원소로 분류해요.

8 CHAPTER
9 SECTION

원자핵 반응이란?

원자핵은 어떻게 만들어지는가?

제1장에서 살펴보았듯이 **원자핵**은 양성자(p)와 중성자(n)로 이루어져 있어요. 양성자는 +1의 전하를 가지고 있어서 양성자만 모이면 같은 전하끼리의 반발이 일어나서 불안정해져요. 중성자는 이를 안정시키는 작용을 해요. 때문에 보통 원자핵이 커지면 중성자가 차지하는 비율이 높아져요.

원자핵 반응은 어떻게 일어나는가?

원자핵은 양성자와 중성자로 이루어진 액체 방울이라고 생각할 수 있어요. 물방울과 비슷한 것으로 작은 물방울이라도 모이면 커져요. 하지만 너무 커진 물방울은 분열되어 작아져요. 한편 물방울에서 물 분자는 수증기로 증발해요.

원자핵 반응 역시 이와 비슷해요. 원자핵이 융합하는 것을 **핵융합 반응**이라고 해요. 분열하는 것은 **핵분열 반응**이에요. 증발에 해당하는 것은 **원자핵 붕괴 반응**이에요. 이때 증발한 입자를 방사선이라고 해요.

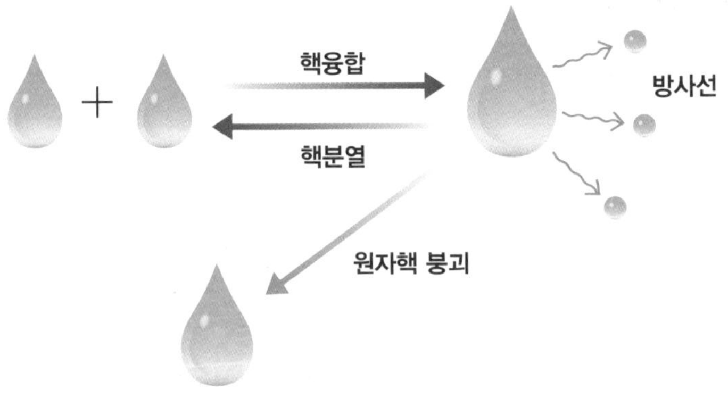

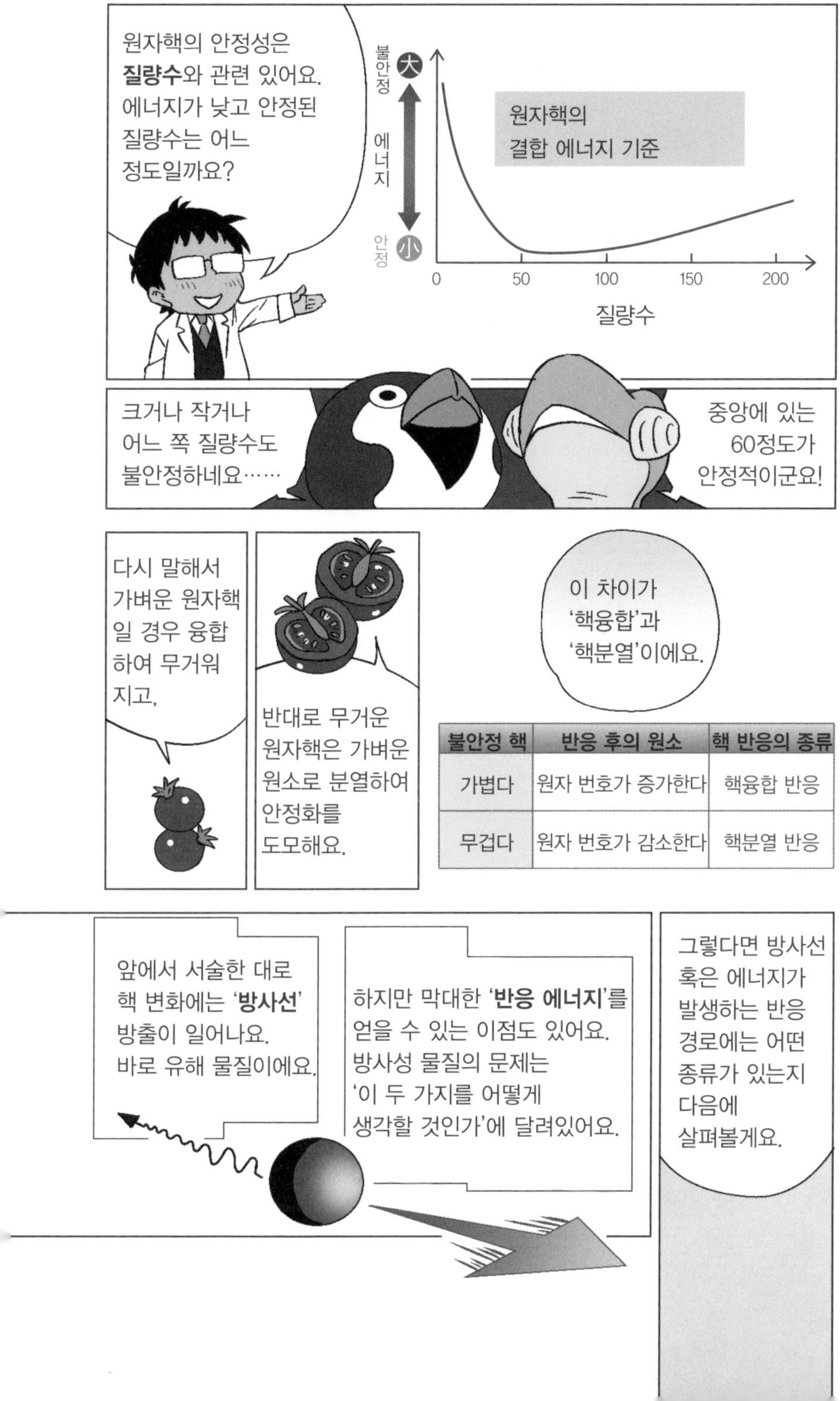

불안정 핵	반응 후의 원소	핵 반응의 종류
가볍다	원자 번호가 증가한다	핵융합 반응
무겁다	원자 번호가 감소한다	핵분열 반응

8 CHAPTER 10 SECTION

지구 내부의 원자핵 반응

지구에서는 어떤 원자핵 반응이 일어나고 있는가?

지구는 원자로와 같아요. 46억 년 전에 생긴 지구 중심부가 현재도 5,000~6,000 ℃의 고온을 유지하는 것은 원자핵 반응으로 발생한 에너지 덕분이에요.

지구 내부에서 일어나는 원자핵 반응은 **원자핵 붕괴**라는 반응이에요. 이는 원자핵이 헬륨 원자핵이나 전자 혹은 전자파를 방출하여 다른 원자핵으로 변화하며 에너지를 방출하는 반응이에요.

방사능

원자핵 붕괴에 의해 방출된 것이 방사선이에요. 방사선에는 α(알파)선(헬륨 원자핵), β(베타)선(전자), γ(감마)선(전자기파) 등이 있어요. 방사선은 생물에게 유해하며 생명을 위협하기도 해요.

같은 원소라도 동위 원소에 따라서 원자핵 붕괴를 일으키거나 일으키지 않거나 해요. 원자핵 붕괴를 일으켜서 방사선을 방출하는 동위 원소를 **방사성 동위 원소**라고 해요. 그리고 방사선을 방출하는 능력과 성질을 **방사능**이라고 해요. 즉, 방사성 동위 원소란 '방사능을 가진 동위 원소'라는 의미예요.

방사선	본체
α선	${}^{4}_{2}He$ 원자핵의 고속 흐름
β선	전자의 고속 흐름
γ선	커다란 에너지를 가진 전자기파
중성자선	중성자의 고속 흐름
양성자선	양성자의 고속 흐름
중입자선	작은 원자핵의 고속 흐름

'**원자핵 붕괴**'란 아주 가벼운 원자핵으로 변화하는 현상을 말해요. 자발적인 현상이기 때문에 확률적으로 일어난다고밖에 설명할 수 없어요.

원자핵 붕괴

॥

단독 원자가 자발적으로 방사선을 방출하여 아주 가벼운 원자핵으로 변화한다.

붕괴할 때 방출되는 방사선의 종류는 다음과 같아요.

양성자가 증가하면 ⊕ 반발이 커지며 양성자와 중성자(2개씩)로 이루어진 He 원자핵이 방출돼요. 그것이 **α선**이에요.

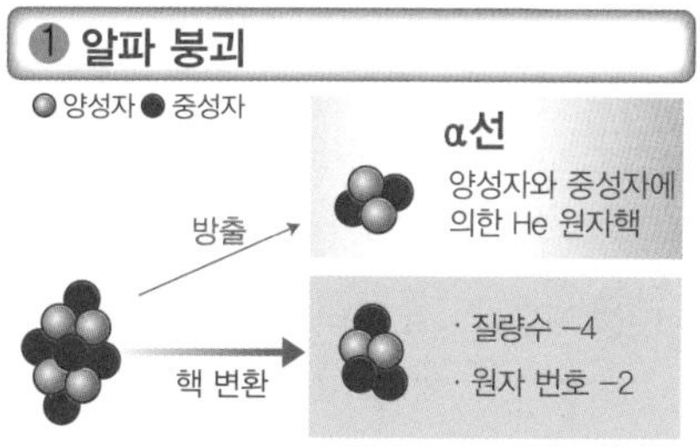

중성자가 너무 많은 경우에는 1개의 중성자가 양성자와 전자로 변화해 버리는 현상이 일어나요. 양성자는 핵 안에 존재하지만 전자는 고속으로 방출되며, 이것을 **β선**이라고 해요. 베타 붕괴는 가장 많이 볼 수 있는 원자핵 붕괴예요.

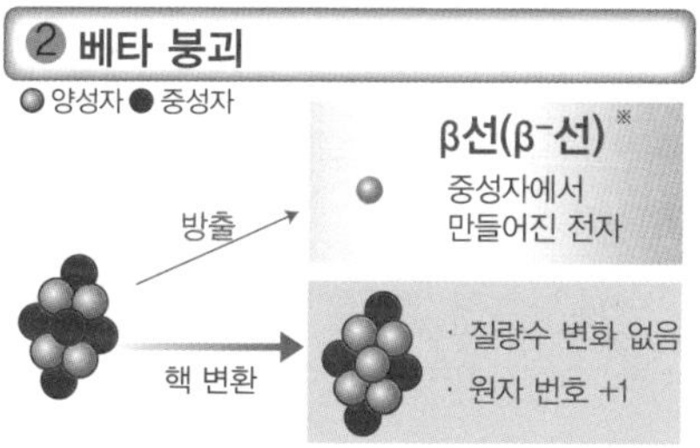

※ 양성자가 양전자 e^+를 방출하여 중성자가 되는 β^+붕괴도 있음

① 혹은 ② 직후의 원자핵은 아직 불안정하여 잉여 에너지를 **γ선**으로 방출할 때가 있어요. γ선은 전자기파이므로 여기에 있는 3개 중에서 가장 투과율이 높은 방사선이에요.

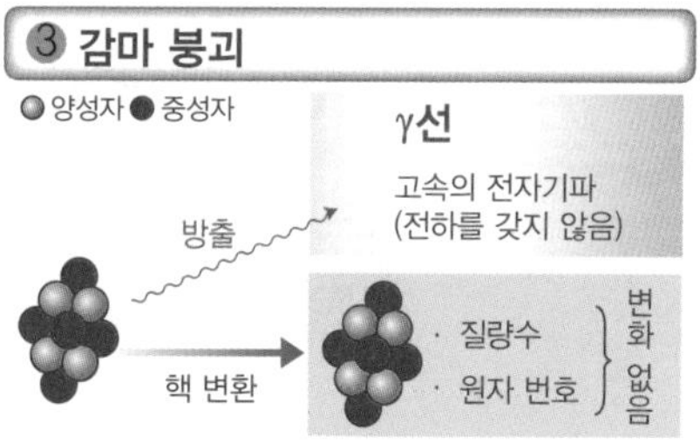

8 CHAPTER 11 SECTION

태양은 거대한 핵 융합로

태양의 원자핵 반응

지금부터 138억 년 전에 **빅뱅**이라 불리는 폭발이 있었어요. 이 폭발로 생긴 것이 우주예요. 이때 사방으로 흩어진 것이 수소 원자인데, 지금도 우주에 가장 많이 존재하는 것은 수소예요.

수소는 점차 구름처럼 모이고 중력에 의해 더욱 응축되어, 고농도 · 고온의 덩어리가 되었어요. 그래서 발생한 것이 수소 원자핵의 융합, 즉 **핵 융합 반응**이에요. 4개의 수소 원자핵이 융합하여 헬륨 원자핵이 된 거예요. 모든 행성은 핵융합 반응에 의해서 빛을 내요. 태양도 마찬가지예요.

태양은 어떻게 빛나는가?

그림은 원자핵 에너지의 개념도예요. 그래프 위쪽의 원자핵일수록 큰 에너지를 가져요. 에너지가 가장 작은 것은 질량수 60 정도의 철(Fe)이에요.

작은 원자핵이 융합하면 여분의 에너지가 방출돼요. 이것이 핵융합 에너지이며, 이 에너지에 의해서 태양은 뜨거워지고 밝게 빛나요.

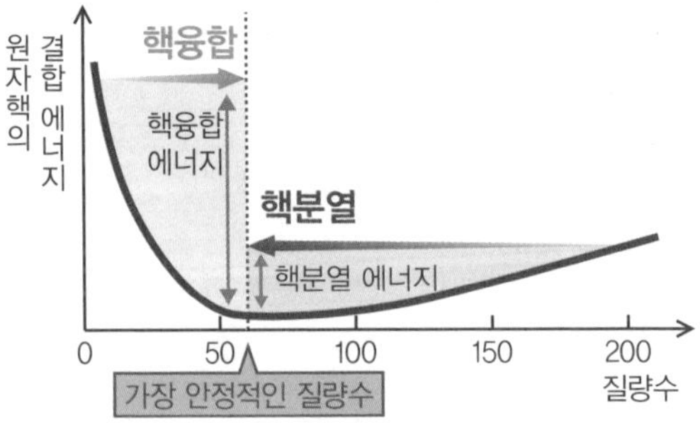

양성자끼리는
전기적 인력으로
반발해요.(**반발력**)

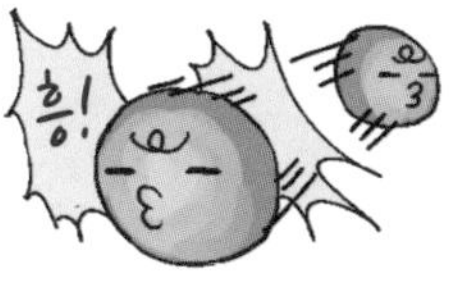

하지만 매우 가까운 거리
에서는 '**핵 인력**'이라는
다른 힘이 생겨나서 오히려
서로를 끌어당겨요.

원자 사이에서 핵 인력이 반발력을
넘어서면 '**핵융합 반응**'이 일어나요.

핵융합 반응에
의해서 가벼운
원자핵이 보다 무거운
원자핵으로 바뀌어요.
태양 안에서 일어나고
있는 것은 H에서
He로의 변환이에요.

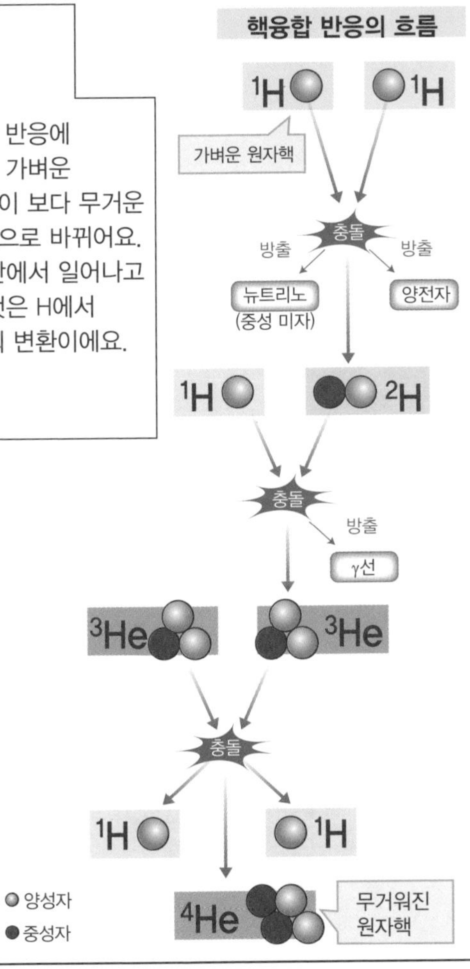

핵 인력은
정전기적 인력보다
훨씬 강한 힘이어서,
원자핵이 변화하는
반응은 보통과는
비교도 안 되는
에너지를 방출해요.

다만, 핵융합에
필요한 온도나 압력은
상당히 크기 때문에,
나중에 설명할 핵분열
반응과 비교했을 때
일어나기 어려운 반응
이라는 것도
기억해 두세요.

8 CHAPTER
12 SECTION

반응이 시작되면 멈출 수 없는 핵분열 반응

핵분열 반응

8-11의 그림에서 살펴보았듯이 큰 원자핵이 작은 원자핵으로 변화해도 에너지가 방출돼요. 이러한 반응을 **핵분열 반응**이라고 하고 그 에너지를 핵분열 에너지라고 해요. 이것을 이용한 것이 원자력 발전과 원자 폭탄이에요.

연쇄 반응

^{235}U원자핵에 중성자가 충돌하면 원자핵은 핵분열하여 핵분열 에너지와 함께 몇 개의 작은 원자핵이 생겨나요. 이것을 **핵분열 생성물**이라고 하는데 강한 방사능을 가지고 있어서 매우 위험해요. 또 이때 여러 개의 중성자가 발생해요.

발생하는 중성자를 2개라고 했을 때 2개의 중성자는 2개의 우라늄 원자핵에 충돌하여 핵분열을 일으켜서 도합 4개의 중성자를 발생시켜요. 이 중성자가 다시 반응하면 8개의 중성자가 발생해요. 이러한 반응이 연속해서 일어나는 것을 **연쇄 반응**이라고 해요. 그 중에서도 반응이 거듭되면서 기하급수적으로 늘어나는 것을 **핵연쇄 반응**이라고 해요. 바로 원자 폭탄이 일어나는 반응이에요.

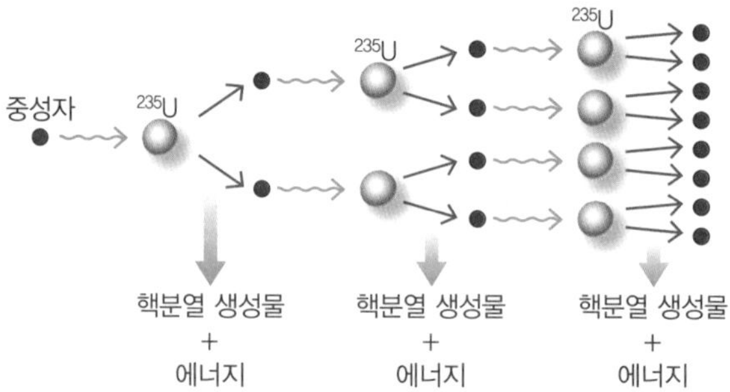

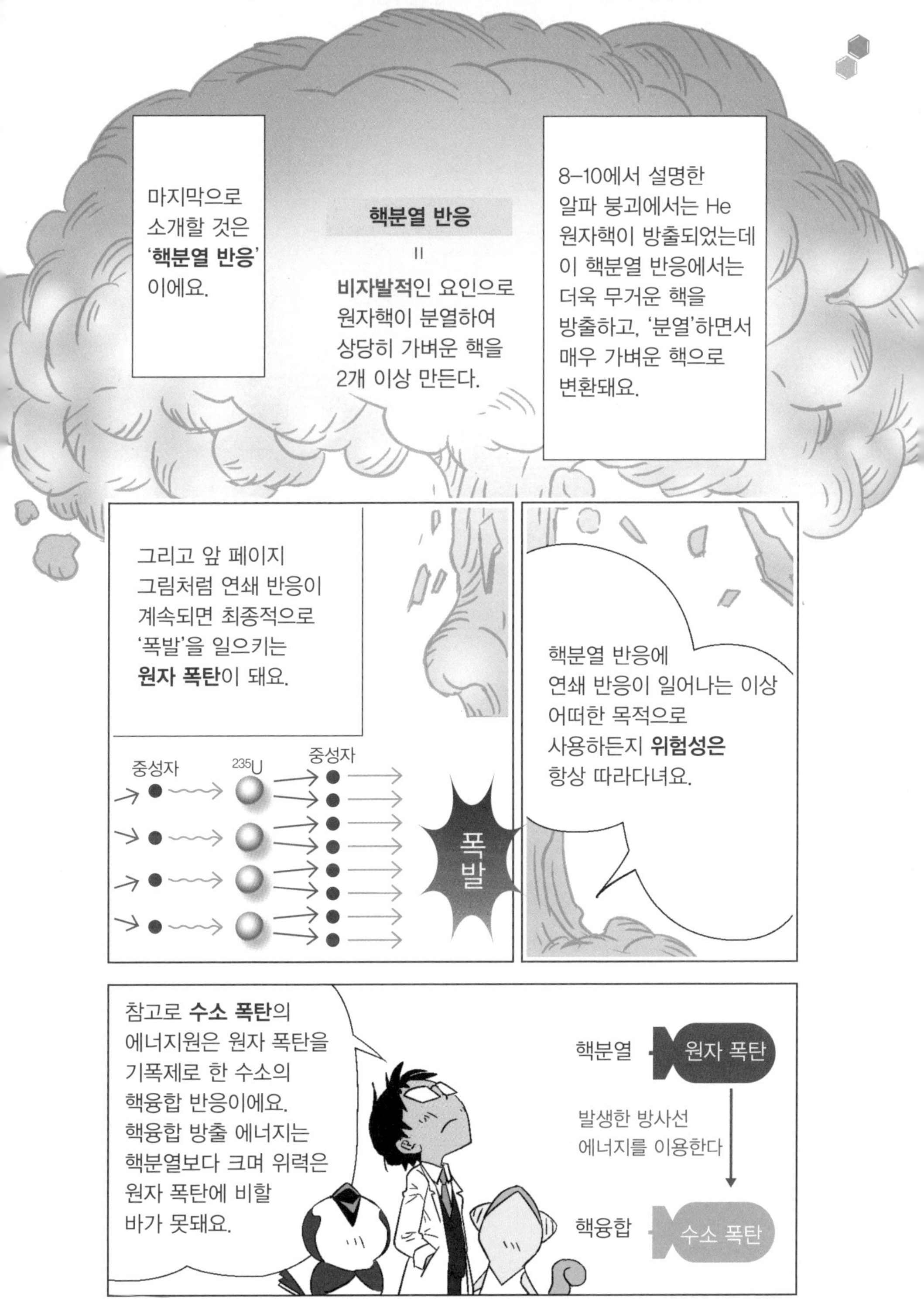
마지막으로 소개할 것은 '**핵분열 반응**' 이에요.
핵분열 반응
=
비자발적인 요인으로 원자핵이 분열하여 상당히 가벼운 핵을 2개 이상 만든다.
8-10에서 설명한 알파 붕괴에서는 He 원자핵이 방출되었는데 이 핵분열 반응에서는 더욱 무거운 핵을 방출하고, '분열'하면서 매우 가벼운 핵으로 변환돼요.
그리고 앞 페이지 그림처럼 연쇄 반응이 계속되면 최종적으로 '폭발'을 일으키는 **원자 폭탄**이 돼요.
중성자
235U
중성자
폭발
핵분열 반응에 연쇄 반응이 일어나는 이상 어떠한 목적으로 사용하든지 **위험성은** 항상 따라다녀요.
참고로 **수소 폭탄**의 에너지원은 원자 폭탄을 기폭제로 한 수소의 핵융합 반응이에요. 핵융합 방출 에너지는 핵분열보다 크며 위력은 원자 폭탄에 비할 바가 못돼요.
핵분열
원자 폭탄
발생한 방사선 에너지를 이용한다
핵융합
수소 폭탄

8 CHAPTER
13 SECTION

원자력 발전의 원리

원자력 발전은 보일러 대용

원자력 발전은 원자핵 반응으로 발생하는 에너지를 이용하여 발전해요. 현재의 원자력 발전에서 이용하는 반응은 핵분열 반응이에요.

핵분열 반응에서 전기가 생성되느냐 하면 그렇진 않아요. 원자로에서 생성되는 핵분열 에너지를 이용하여 물을 가열하고 수증기(스팀)를 만들어요. 이 스팀이 발전기 터빈을 돌려서 발전해요. 따라서 발전 원리는 화력 발전과 똑같아요. 원자로는 화력 발전의 보일러에 해당한다고 보면 돼요.

핵분열 반응의 연쇄를 제어한다

앞에서 살펴보았듯이 핵분열의 연쇄 반응에서 발생한 2개의 중성자가 핵연쇄 반응을 일으켜요.

만약 발생하는 중성자가 1개인 경우는 어떠할까요? 그래도 연쇄 반응은 일어나지만 규모는 확대되지 않아요. 정상적인 연쇄 반응으로 원자로에서 일어나는 반응이에요. 때문에 원자로에서는 중성자 수를 제어하는 것이 결정적으로 중요해요. 원자로에서 중성자 수를 제어하는 것을 **제어재**(control material)라고 해요.

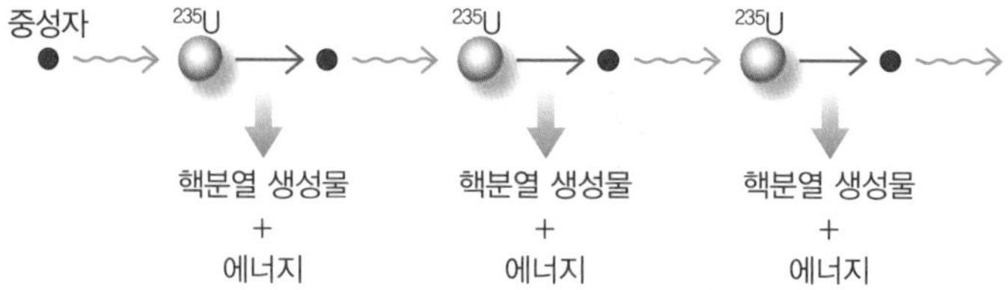

핵분열 반응을 일부러 폭주 시키는 것이 원자 폭탄이라면 그것을 **제어**하는 역할은 원자로가 담당해요.

핵분열 반응의 평화적 이용

앞에서 살펴본 핵분열 반응의 시작은 중성자의 충돌이었지요? 즉, 핵분열의 제어란 **중성자의 제어**에 있어요.

제어재

(하프늄(Hf) 및 탄화 붕소(B_4C) 등) 중성자의 수를 제어한다

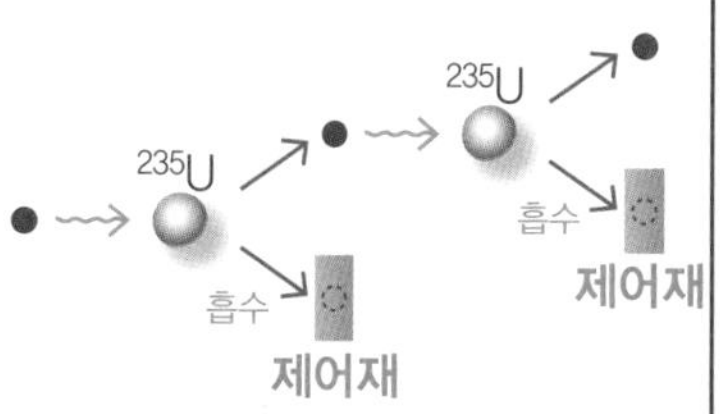

반응이 연쇄적으로 일어나 폭주의 위험을 내포하는 것은 우라늄에서 발생한 중성자가 **여러 개**이기 때문이에요. 이 개수를 제어하면 반응의 규모를 억제할 수 있어요.

감속재

(물 H_2O에 포함된 수소 원자) 중성자의 속도를 제어한다

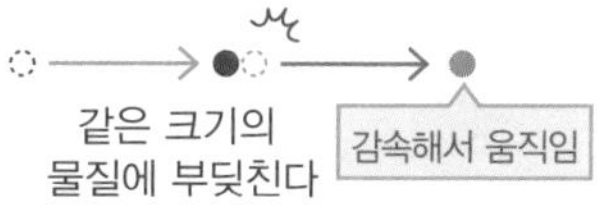

특히 중성자가 빠른 속도로 우라늄에 충돌한 경우에는 비효율적인 반응이 돼요. 이것을 저속으로 제어하면 반응 효율을 기대할 수 있어요.

중성자를 제어하면 원자로 안은 **임계 상태**가 되어 천천히 안정적으로 에너지를 얻을 수 있게 돼요.

임계
=
핵분열 반응이 일정 규모로 계속되는 상태

의도하지 않은 임계 상태에 도달한 것이 **'임계 사고'**예요.

원자로 밖에서 그것이 일어나면 정말 큰일이겠지요.

8 CHAPTER
14 SECTION

핵연료를 만드는 방법

핵연료는 농축된 우라늄

일반 원자로에서는 우라늄의 핵분열 반응에 의해 에너지를 발생시켜요. 우라늄에는 질량수 235인 ^{235}U와 질량수 238인 ^{238}U가 있는데, 보통 원자로의 연료가 되는 것은 ^{235}U예요. ^{235}U는 자연 우라늄에 겨우 0.7%밖에 포함되어 있지 않아요.

원자로의 연료로 사용하기 위해서는 ^{235}U의 농도를 수 %까지 높일 필요가 있어요. 이것을 **농축**이라고 해요. 그리고 원자 폭탄으로 이용되기 위해서는 적어도 70% 이상으로 농축할 필요가 있다고 해요.

농축 방법

우라늄을 플루오린(F_2)과 반응시키면 기체의 육플루오린화 우라늄(UF_6)이 돼요. 이것을 원심 분리기에 돌리면 바깥쪽으로는 무거운 $^{238}UF_6$가 모이고 중심부에는 가벼운 $^{235}UF_6$가 모여요. 이 중심부의 것을 모아서 다시 원심 분리기에 돌려요. 이와 같은 조작을 여러 번 반복하여 ^{235}U의 농도를 점점 높여가는 거예요.

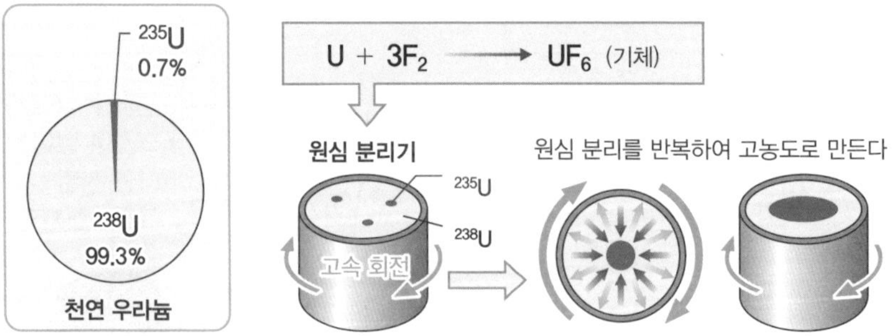

앞에서 살펴본 핵분열 반응은 연료 또한 문제예요. 하지만 원자로의 많은 문제는 신기술로 점차 개선되고 있어요.
235U
사용이 쉽지 않은 연료
그 예로 미래의 원자로 '핵 융합로'를 들 수 있어요!
8-11에서 살펴본 핵융합은 비연쇄 반응으로 발생 조건 역시 까다로워요…… 즉 이것이 에너지원인 원자로라면 안전성이 높아질 …… 거예요! 또한 연료는 무제한 사용 가능한 수소……우라늄보다 훨씬 쉽게……
21세기 후반에 실용화가 기대되는 기술 중 하나예요! 하지만…
하지만 핵반응인 이상 방사선 문제는 역시 피하기 어려워요.
그래도 그래도……
그래요 같이 가요.
저도 같이 가요!
참, 저는 프린세스 샘이 좀 어떠신지 보고 올게요.
역시 돌아갈 준비를 하시는 군요……?
네~ 이제 슬슬 이야기도 끝나가니까요.
총총
저, 혹시……
총총
총총
음…슬프다? 이별이 서운하다고 해서 꼭 슬픈 것은 아니에요.
오빠가 슬퍼 하겠다……
ㅠㅠ
저는 잃은 것보다 얻은 것이 없었을 때 더 슬픈 것 같아요. 프린세스께서 오빠와 무언가를 주고 받았다는 확신이 있다면 이별이 서운해도, 슬퍼하지 않을 거라 생각해요.

8 CHAPTER
15 SECTION

철저한 안전 대책이 필요한 원자로 격납 용기

아래 그림은 원자로를 최대한 간단하게 나타낸 거예요. 연료봉 안에는 ^{235}U의 농축 우라늄이 있어요. 그 사이에 있는 것이 제어봉인데, 남는 중성자를 흡수하여 원자로 안의 중성자 수를 조절해요. 제어봉을 연료봉 사이에 깊이 삽입하면 많은 중성자가 흡수되기 때문에 핵분열이 일어나기 어려워지고 원자로의 출력이 저하돼요. 그리고 최종적으로는 원자로의 운전이 멈추게 돼요. 원자로에서 발생한 에너지(열)는 냉각수가 흡수하여 수증기가 되고, 외부에 연결된 발전기를 돌려서 발전을 해요.

원자로 본체는 두께가 수십 cm의 강철로 만들어져 있어요. 그 주위를 격납 용기가 감싸고 있는데, 두께 수 cm의 철강과 두께 3m 정도의 콘크리트로 이루어져 있어요.

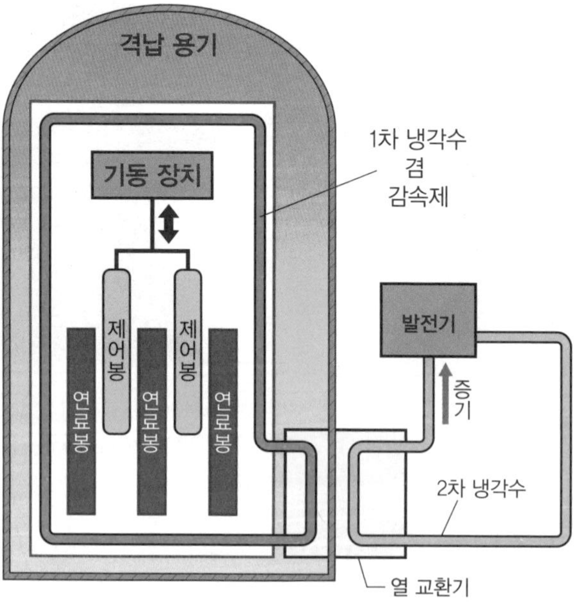

짜잔
풀코스…
이, 이건……
크, 제자가 만들었어요…… 너무 맛있어서 놀랄 정도예요!
맛있다!
이제 기운을 차렸으니 돌아가볼까.
제자가 요리까지 해주고
그럴까요?
어……
오빠! 많이 변했네요. 매일 그렇게 힘들어했는데.
그렇다면……
그래, 꼭 변할 거야! 원자로의 미래!
그곳에서 많이 배워 볼래요. 지금과 다른 세상에 대해서요. 오빠! 변화된 미래에서 다시 만나요!
저도 결심했어요! 선생님들과 함께 미래로 가겠어요.
으샷-
어 어 어

Column

중금속의 독성

금속은 인간 사회에 없어서는 안 될 꼭 필요한 원소이지만 동시에 두려운 것이기도 해서 주의를 기울여야 해요. 특히 중금속에는 독성을 가진 것이 있어요.

미나마타병의 원인은 수은(Hg)이었어요. 이타이이타이병의 원인은 카드뮴(Cd)이었어요. 육가 크로뮴(Cr^{6+})은 코의 가운데 격막을 손상시키고 사가 크로뮴(Cr^{4+})은 발암성이 있는 것으로 추측돼요.

납(Pb)은 신경에 손상을 입히는 독성이 있으며 베토벤이 난청을 앓은 것도 납 때문이라고 알려져 있어요. 그는 와인을 즐겨 마셨는데 와인의 산미를 중화하기 위해 산화 납(PbO_2)의 백색 가루를 뿌려서 마셨다고 해요. 와인의 산미는 주석산이 원인인데 납과 반응하면 주석산 납이 되어 달게 느껴지는 거예요.

PC나 스마트폰 등의 전자 기기에는 레어 메탈이 많이 사용되고 있어요. 인류는 아직 레어 메탈, 특히 레어 어스와 가까이 지낸 지 얼마 되지 않았지만, 누구나 편리하게 이용하고 있어요. 하지만 그에 비해서 위험성은 충분히 연구되지 않았다고 해도 과언이 아니에요. 나중에 후회가 없도록 적극적으로 관심을 가져야 해요.

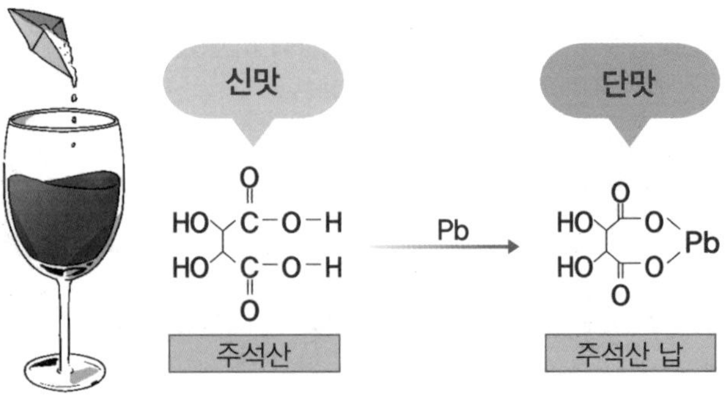

제 9 장

생명 · 환경과 무기 화학

생명체는 물론이고, 그것이 생존하는 환경 역시 원소로 이루어져 있어요.
생명체와 환경은 미묘한 균형을 이루며 공존하고 있는데 때로는 균형이 깨질 때도 있어요. 지금의 환경 문제도 그래요. 지구 온난화를 비롯하여 오존층, 산성비 등 인류가 미래를 위해서 지금 당장 해결해야 할 문제가 적지 않아요.

9 CHAPTER 1 SECTION

수소 이외의 원소는 핵융합으로 태어났다.

빅뱅으로 대량의 수소가 생겼다

지금부터 138억 년 전, 거대한 폭발이 일어났어요. **빅뱅**이라 불리는 폭발이 모든 것의 시작이었어요. 원자와 에너지, 공간까지도. 한 마디로 우주의 모든 것이 빅뱅에 의해서 생겨났어요. 빅뱅으로 생겨난 물질(원자)은 대부분 수소(H)이며 미량의 헬륨(He)이 섞여 있었어요.

핵융합으로 큰 원소가 생겼다

수소는 우주로 퍼져 나갔고 점차 구름처럼 짙고 옅음이 생겨났어요. 짙은 곳에는 중력이 커져서 보다 많은 수소가 모였어요. 그 결과 밀도가 높아지고 발열하여 **핵융합 반응**이 시작되고 헬륨 등 큰 원소가 탄생한 거예요.

이렇게 해서 우주에는 많은 종류의 원소가 존재하게 되었어요. **아래 그림**은 우주에 있는 원소의 존재 비율을 나타낸 것으로, 수소와 헬륨이 압도적으로 많은 것을 알 수 있어요. 또 원자 번호가 짝수인 원소가 많은 것은 그만큼 안정되어 있는 것을 나타내요.

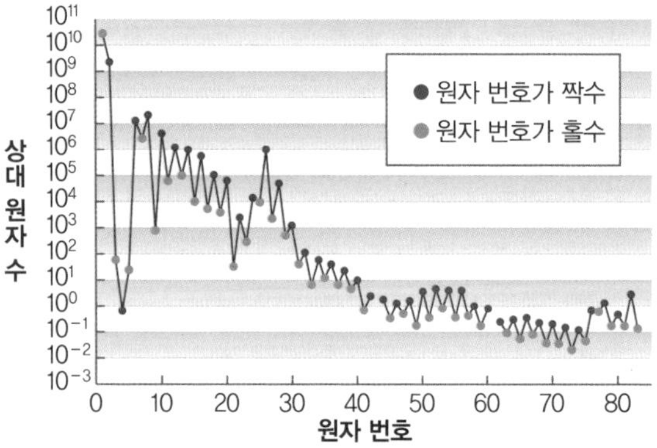

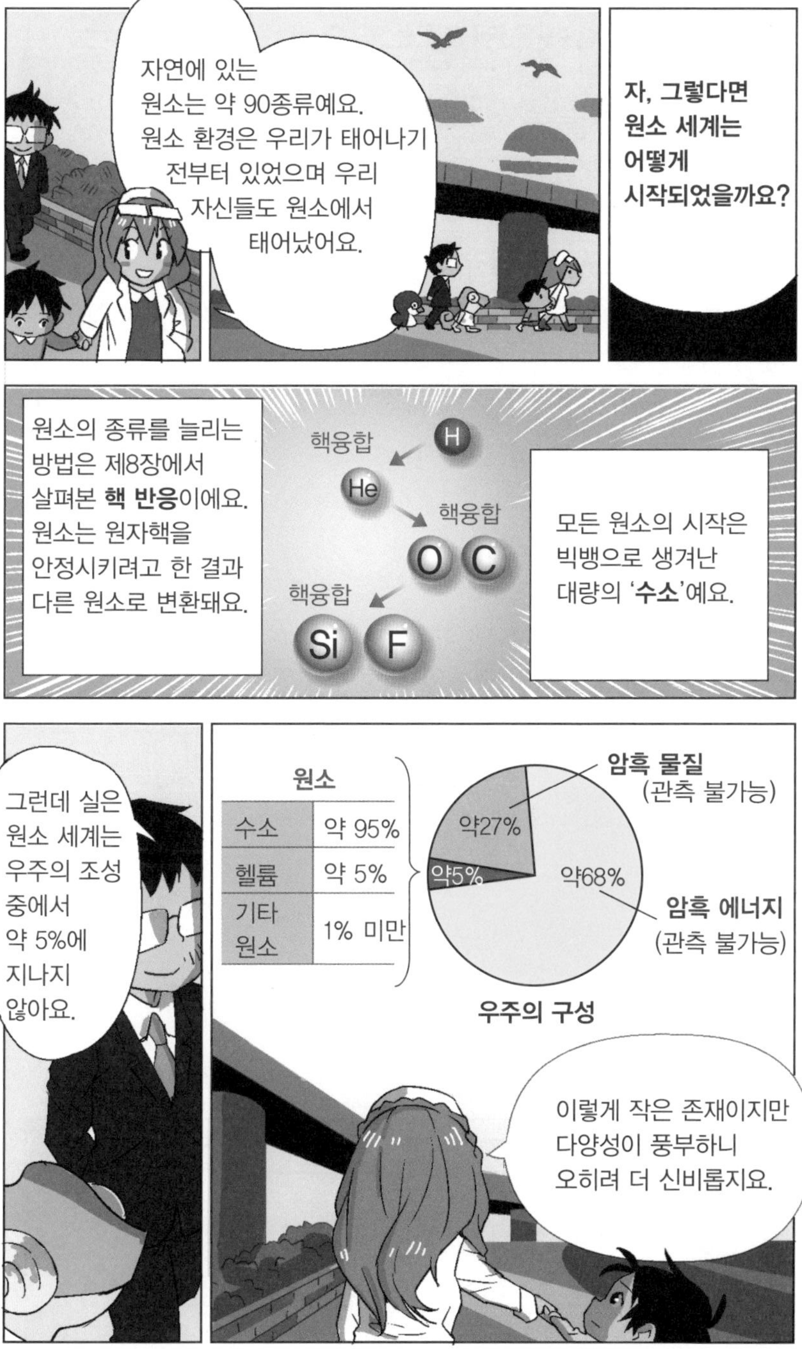

자연에 있는 원소는 약 90종류예요. 원소 환경은 우리가 태어나기 전부터 있었으며 우리 자신들도 원소에서 태어났어요.
자, 그렇다면 원소 세계는 어떻게 시작되었을까요?
원소의 종류를 늘리는 방법은 제8장에서 살펴본 핵 반응이에요. 원소는 원자핵을 안정시키려고 한 결과 다른 원소로 변환돼요.
핵융합
H
He
핵융합
O
C
핵융합
Si
F
모든 원소의 시작은 빅뱅으로 생겨난 대량의 '수소'예요.
그런데 실은 원소 세계는 우주의 조성 중에서 약 5%에 지나지 않아요.
원소
수소 약 95%
헬륨 약 5%
기타 원소 1% 미만
암흑 물질 (관측 불가능)
약27%
약5%
약68%
암흑 에너지 (관측 불가능)
우주의 구성
이렇게 작은 존재이지만 다양성이 풍부하니 오히려 더 신비롭지요.

9 CHAPTER
2 SECTION

무기 화합물도 유기 화합물도 소재는 같다.

생명 · 환경에 존재하는 무기 화합물

아래 표는 인체와 환경 속에 존재하는 원소 중에서 양적으로 많은 상위 10종을 나타낸 것으로, 총 20여 종의 원소가 해당돼요.

표에서 흰색은 그 환경에만 존재하는 원소예요. 대기 중의 원소가 다른 곳과 다른 것은 기체 분자로만 존재하는 특수한 사정 때문이에요. 지구 표층의 원소에 규소(Si)가 많은 것은 지각에 암석이 많다는 것을 반영하고 있어요.

인체의 무기 화합물

인체를 구성하는 주요 10종류 원소 중에서 특히 유기 화합물을 구성하는 것은 탄소(C), 수소(H), 질소(N), 황(S)이에요. 그 외 원소는 주로 무기 화합물을 구성한다고 할 수 있어요.

칼슘(Ca)은 골격을 이루고 소듐(Na)이나 포타슘(K)은 신경 전달 물질로 사용돼요. 인(P)은 유전 물질인 핵산이나 에너지 저장 물질인 ATP에 사용돼요. 이처럼 무기 화합물은 생체에 있어서 양은 적지만 중요한 역할을 담당하는 것을 알 수 있어요.

염소(Cl)는 Ca^{2+}, Na^{+}, K^{+} 등 금속 이온의 (+)전하를 중화하기 위한 짝이온 Cl^{-}로 작용해요.

존재량 순위	1	2	3	4	5	6	7	8	9	10
인체	H	O	C	N	Na	Ca	P	S	K	Cl
해수	H	O	Na	Cl	Mg	S	K	Ca	C	N
지각	O	Si	H	Al	Na	Ca	Fe	Mg	K	Ti
대기	N	O	Ar	C	H	Ne	He	Kr	Xe	S

행성은 핵융합을 반복하면서 점차 무거운 원소를 늘려가요.
무거운 원소는 중심으로 들어가고, 별은 마치 양파 모양이 돼요.
H
He
C,O
Fe,Si
철은 원자핵이 가장 안정된 질량수 즉, 행성에서는 이 원소까지밖에 만들어 내지 못해요.
철이 증가하면서 스스로의 무게를 못 견딘 행성은 폭발을 일으켜요. 이때 핵분열이 일어나서 가벼운 원소가 새롭게 생겨나고, 그들이 또 핵융합하여 철보다 무거운 원소를 만들어 내요.
무거운 원소는 지각으로, 가벼운 원소는 대기로 모여서 형태를 이룬 것이 지구예요. 그리고 지구 원소가 서로 반응하여 유기 화합물이 생성되면서 생물의 진화가 시작되었다고 알려져 있어요.
바다라는 환경이 유기 화합물을 새롭게 만들어냈어요.
잘 이해했나요? 살아 있는 것들은, 사실은 지구 원소의 결합이 아주 조금 달라졌을 뿐이에요. 인간도 환경도 마찬가지로 많은 부분이 공통된 성분으로 이루어져 있어요.

9 CHAPTER 3 SECTION

필수 미량 원소는 인체를 조절하는 역할을 한다.

필수 미량 원소의 종류와 작용

인체가 원활한 생명 활동을 하려면 약 30종류의 원소가 필요하다고 해요. 그 중에서 9-2 표에 나타낸 원소를 **다량 원소**라 하고, 그 이외의 원소를 **미량 원소**라고 해요. 미량 원소 중에서 부족하면 결핍증, 다량 존재하면 과잉증을 일으키는 원소를 **필수 미량 원소**라고 해요. 각 원소의 종류와 기능은 다음과 같아요.

- **활성화, 제어, 조절 기능**: Na, K, Mg, Ca
- **단백질의 구조 유지 · 안정화**: Ca, Mg, Mn, Zn
- **촉매 기능**: Mn, Fe, Cu, Mo, V, Co, Ni
- **효소 운반 · 저장**: Fe

필수 미량 원소가 부족하면 어떻게 될까?

아래 그림은 필수 미량 원소가 결핍하거나 과잉인 경우에 생체 기능이 어떻게 영향을 받는지에 대해서 나타낸 것으로, 결핍 · 과잉일 때 모두 생체 기능이 저하된다는 것을 알 수 있어요. 반면에 필수가 아닌 원소의 경우는 결핍해도 생체의 기능 저하는 일어나지 않아요.

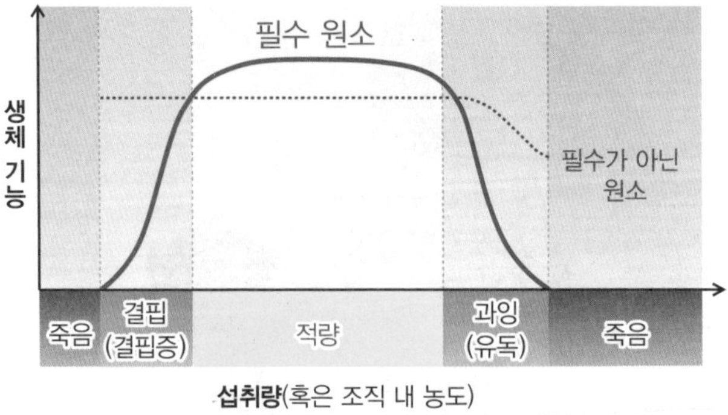

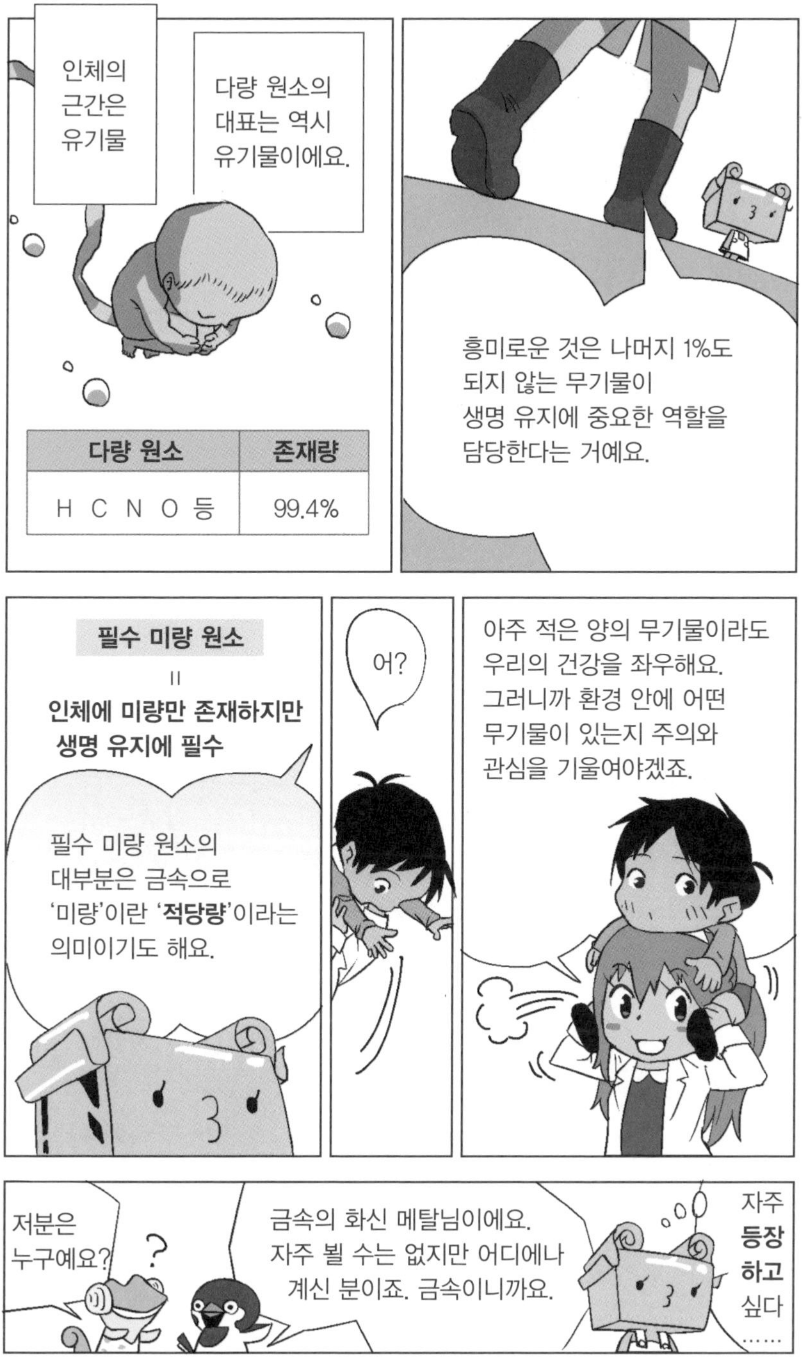
인체의 근간은 유기물
다량 원소의 대표는 역시 유기물이에요.
다량 원소 | 존재량
H C N O 등 | 99.4%
흥미로운 것은 나머지 1%도 되지 않는 무기물이 생명 유지에 중요한 역할을 담당한다는 거예요.
필수 미량 원소
=
인체에 미량만 존재하지만 생명 유지에 필수
필수 미량 원소의 대부분은 금속으로 '미량'이란 '적당량'이라는 의미이기도 해요.
어?
아주 적은 양의 무기물이라도 우리의 건강을 좌우해요. 그러니까 환경 안에 어떤 무기물이 있는지 주의와 관심을 기울여야겠죠.
저분은 누구예요?
?
금속의 화신 메탈님이에요. 자주 볼 수는 없지만 어디에나 계신 분이죠. 금속이니까요.
자주 등장하고 싶다……

9 CHAPTER
4 SECTION

독이 되는 금속

금속이 공해를 일으켰다

일본에서는 공해 중에서도 특히 피해자 수가 많았던 경우를 4대 공해라고 해요. 이것은 미나마타병, 제2 미나마타병, 이타이이타이병, 요카이치 천식을 말해요(210쪽 참조).

이 중에서 미나마타병은 비료 회사가 촉매로 사용한 수은 화합물이 미생물에 의해 변질되어 생겨난 $Hg(CH_3)Cl$ 등의 **메틸 수은** 때문에 발생했어요. 수은은 동물의 신경계에 나쁜 영향을 끼친다고 알려져 있어요.

또, 토야마현에서 일어난 이타이이타이병은 강의 상류에 있는 광산이 배출한 **카드뮴(Cd)**이 이 지역의 토양을 오염시켜서 일어났어요. 카드뮴은 뼈의 대사에 영향을 미쳐서 뼈를 약하게 해요.

유해 금속의 종류

납(Pb)은 동물의 신경계에 악영향을 끼쳐요. 현재는 납땜도 납이 들어 있지 않은 것을 사용하고 있어요. **크로뮴(Cr)**은 필수 미량 원소 중 하나인데 육가 크로뮴 Cr^{6+}과 사가 크로뮴 Cr^{4+}은 유해성이 알려져 있어요. **니켈(Ni)**도 필수 미량 원소인데, 피부에 닿으면 금속 알레르기를 일으킬 수 있어요.

또 유해 금속은 아니지만 구리(Cu)나 은(Ag)에는 살균 작용이 있다고 알려져 있어요. 이것도 균류에게는 유해해요.

금속의 독성은 확실하게 밝혀지지 않았어요. 하지만 금속이 단백질을 만드는 아미노산의 질소(N)와 황(S) 원자에 배위하여, 결합 및 수소 결합을 절단하고 단백질의 구조나 입체 구조를 변화시키는 것이 원인 중 하나라고 알려져 있어요.

사람도 환경도 원자로 이루어져 있는 이상 화학 반응이라는 접점은 피할 수 없어요.
원하지 않은 화학 반응에 휩쓸리게 될 위험도 있고요.
이 역시 원자의 운명이죠……
운명? 아니에요. 잘 모르고 일어난 반응이라도 알아 차리지 못한 것은 화학자의 책임! 운명에 떠 넘기면 안 돼요!
잠깐!
미나마타병 메틸 수은 중독
이타이이타이병 카드뮴 중독
프린세스 샘 갑자기 침울해졌네.
야단 맞았다……
하지만 각각의 독성을 알고 있더라도 실제로는 그것이 환경 안에서 변화하고 곳곳으로 퍼지기 때문에 복잡해요.
맞다, Hg도 Cd도 12족 원소지요. 12족 원소는 독성을 나타낼 때가 많아요.
또 금방 좋아 지셨네.
미나마타병의 원인 역시 밝혀내는 데 오랜 시간이 걸렸어요. 공장 폐수에서 흘러나와 물고기를 거쳐서 사람에 이르는, 이른바 먹이 연쇄에 따른 공해병으로 알려진 최초의 사례예요.

9 CHAPTER 5 SECTION

산성비의 심각한 피해

보통의 비도 산성

비는 구름을 구성하는 물방울이 커져서 공기 중을 낙하한 것으로, 낙하하면서 공기 성분을 흡수해요. 그 중에서도 용해도가 큰 기체는 이산화 탄소 CO_2예요. 이산화 탄소는 물과 반응하여 탄산(H_2CO_3)이라는 산이 돼요.

$$CO_2 + H_2O \rightarrow H_2CO_3$$

때문에 모든 비는 pH=5.6 정도의 산성이에요. 산성비는 이보다 산성이 강한 비를 말해요.

산성비의 원인은 다음 9-6에서 살펴볼 SOx, NOx 등 화석 연료의 연소로 발생하는 **산성 산화물**이라고 알려져 있어요.

산성비가 파괴하는 것

산성비는 건물 밖의 금속을 녹슬게 해요. 철근 콘크리트의 갈라진 틈에 비가 스며들면 내부의 철근에 녹이 스는데, 녹슨 철근은 팽창하므로 갈라진 틈이 더 커져요. 이 일이 계속 반복되면 건물이 붕괴될 수도 있어요.

더 두려운 것은 생물에 직접적인 피해를 준다는 점이에요. 산성비로 산성이 된 저수지에서 담수어는 건강하게 자라지 못해요. 삼림 피해 역시 심각해요. 삼림이 시들면 큰 비에 홍수가 나기 쉽고 비옥한 토양이 흘러 내려가면서 토양의 양분이 유실돼요. 그 결과 식물이 자라지 못하게 되면서 사막화가 진행돼요.

유해한 무기물이 녹아 드는 곳은 바다나 강물뿐만 아니라 하늘도 있어요.
비 온다!

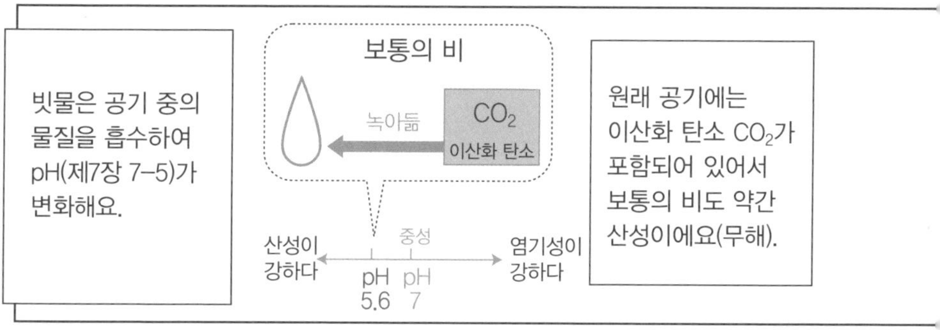
빗물은 공기 중의 물질을 흡수하여 pH(제7장 7–5)가 변화해요.
보통의 비
녹아듦
CO_2
이산화 탄소
산성이 강하다
중성
염기성이 강하다
pH 5.6
pH 7
원래 공기에는 이산화 탄소 CO_2가 포함되어 있어서 보통의 비도 약간 산성이에요(무해).

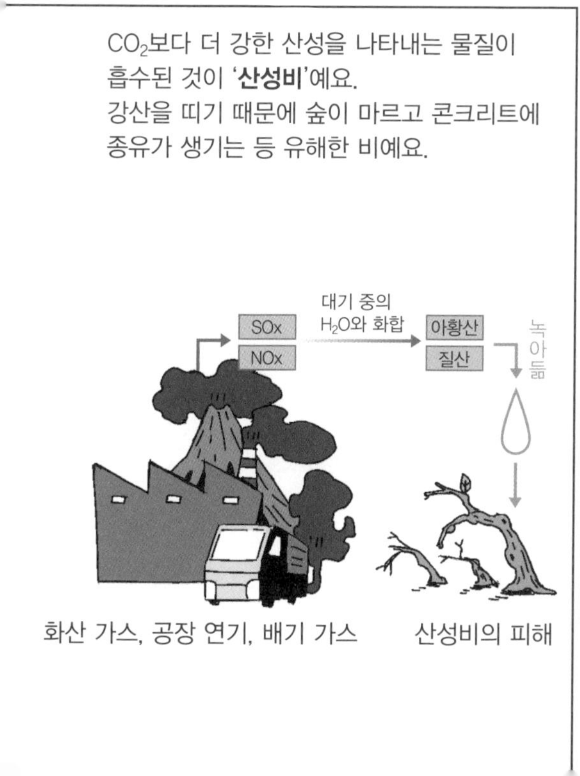
CO_2보다 더 강한 산성을 나타내는 물질이 흡수된 것이 '**산성비**'예요.
강산을 띠기 때문에 숲이 마르고 콘크리트에 종유가 생기는 등 유해한 비예요.
SOx
NOx
대기 중의 H_2O와 화합
아황산
질산
녹아듦
화산 가스, 공장 연기, 배기 가스
산성비의 피해

하지만 pH는 산과 염기의 균형을 나타내므로 가령 암모니아(염기)가 녹아 들면 pH가 높은 수치로 돌아갈 때도 있어요. 정말 중요한 것은 황산 이온이나 질산 이온의 농도라고 할 수 있어요.

9 CHAPTER
6 SECTION

SOx, NOx의 저감 대책은 있는가?

SOx는 탈황 장치로 저감되었다

황(S)은 산화되어 SO, SO_2, SO_3 등 각종 산화물을 생성해요. 이와 같은 **황산화물**에 대해서 '*x*개의 산소(O)와 결합한 황(S)'이라고 해서 SOx라 쓰고 '쏙스'라고 읽어요.

SOx는 주로 화석 연료의 연소에 의해 발생하며 산성비의 원인이 되기도 해요. 하지만 발전소 굴뚝에 SOx를 제거하는 탈황 장치를 설치하여 발생률을 크게 줄이고 있어요.

NOx는 방치 상태

NOx(녹스라고 불려요)는 질소(N)의 산화물 일반을 가리키는 말이에요. SOx의 경우와 마찬가지로 화석 연료의 연소에 의해 발생해요. 5-9에서 살펴본 삼원 촉매에 의해 분해 가능하지만 발생량은 크게 감소하고 있지 않아요.

NOx 역시 산성비의 원인으로 작용해요. 복잡한 반응을 거쳐서 오존 O_3이나 질산 과산화아세틸(Peroxyacetyl nitrate=PAN) 등의 보통 **옥시던트**(oxidant)라 불리는 산화 작용이 있는 물질을 발생시켜요. 옥시던트는 광화학 스모그의 원인 물질이에요.

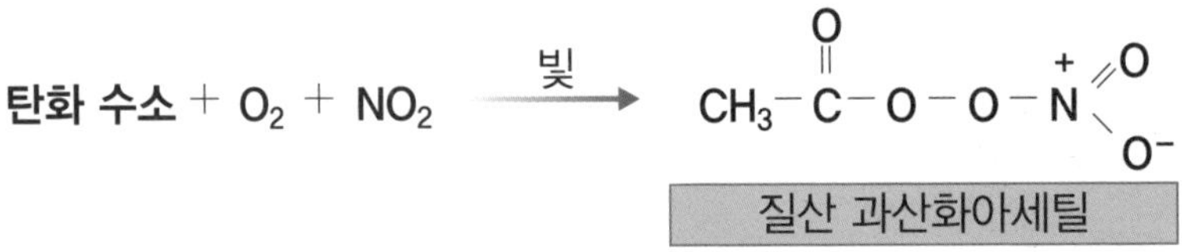

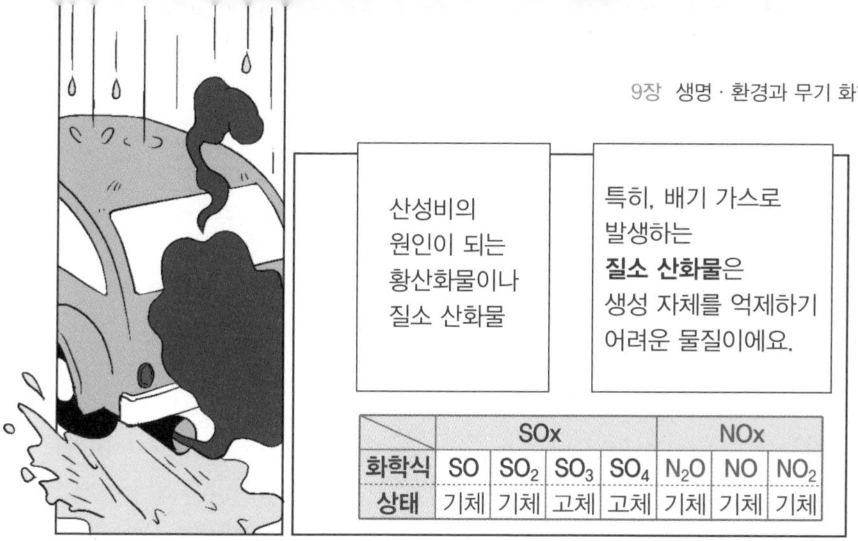

	SOx				NOx		
화학식	SO	SO_2	SO_3	SO_4	N_2O	NO	NO_2
상태	기체	기체	고체	고체	기체	기체	기체

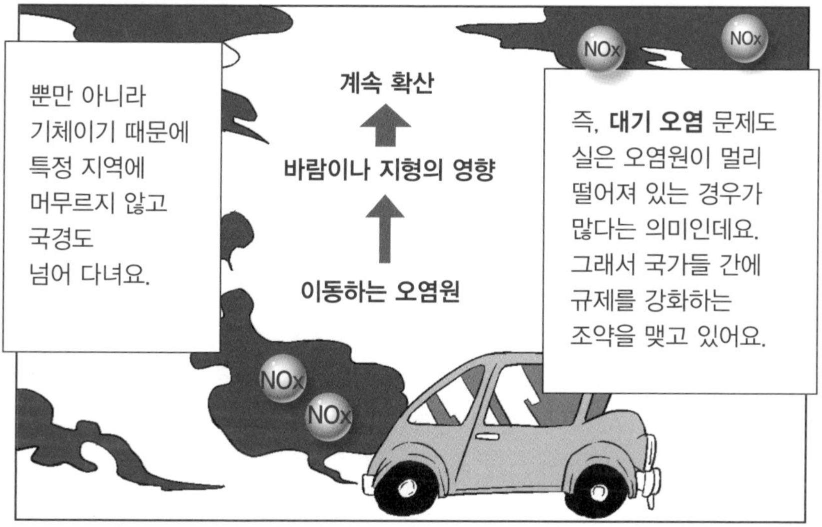

9 CHAPTER 7 SECTION

지구를 위협하는 지구 온난화

온난화가 멈추지 않는다

지구는 추운 빙하기와 따뜻한 간빙기를 반복해 왔어요. 현재는 빙하기에 이은 간빙기라고 해요. 하지만 빙하기나 간빙기의 기간은 일정하지 않아서 현재의 간빙기가 언제까지 계속될지 예측하기 어려워요. 만일 간빙기에 이제 막 들어섰다면 지구는 앞으로도 점점 따뜻해지겠고, 만일 간빙기의 후기라면 지구는 점차 추워질 거예요.

현재 지구는 이상 기온으로 따뜻해지고 있고 이를 **지구 온난화**라고 정의하고 있어요.

온난화의 주요 원인은 이산화 탄소

지구 온난화의 원인은 **온실 효과 가스**라고 알려져 있어요. 메테인 CH_4을 제외하고 많은 온실 효과 가스는 무기물이에요. 이 가스는 자신 안에 열에너지를 넣어 두고, 지구의 열이 우주로 나가는 것을 방해한다고 알려져 있어요. 그 효과의 크기는 **지구 온난화 지수**※로 측정해요.

온실 효과 가스 중에서 특히 영향을 주는 것이 이산화 탄소예요. 그런데 실은 이산화 탄소의 온실화 지수는 다른 가스에 비해서 매우 작아요. 그럼에도 불구하고 이산화 탄소가 문제가 되는 것은 막대한 화석 연료의 연소에 의해서 엄청난 양의 이산화 탄소가 발생하기 때문이에요.

물질	화학식	분자량	산업혁명 이전의 농도 (ppm)	현재의 농도 (ppm)	지구 온난화 지수
이산화 탄소	CO_2	44	280	358	1
메테인	CH_4	16	0.7	14.7	26
일산화 이질소	N_2O	44	0.28	0.31	296
대류권 오존	O_3	48	–	0.04	204
프레온	CFCl	–	–	–	수천~수만

※ 지구 온난화 지수: 기체가 열을 모으는 능력의 기준, CO_2를 기준(1)으로 함

지구 온난화의 원인 중 하나는 대기에 떠도는 **온실 효과 가스**예요.
CO2
CO2
CO2
CO2
특히 존재량이 많은 **이산화 탄소**는 결과적으로 **온실 효과**에 가장 큰 영향을 주고 있어요.
온실 효과
1
태양 빛으로 따뜻해진 지표의 열은 적외선이 되어 우주로 다시 방사된다.
적외선
2
온실 효과 가스의 분자는 적외선을 흡수하여 격렬하게 진동하는 구조를 갖는다.
징~ 징~
O C O
3
온실 효과 가스는 다시 적외선을 360° 방향으로 재방사한다.
O C O
4
즉 위쪽으로 올라가야 할 적외선의 일부가 아래쪽으로 되돌아오기 때문에 지표와 대기 사이에서 열순환이 계속 증가한다.
대기 중의 온실 효과 가스
O C O
O C O
온실 효과 자체는 나쁘지 않아요. 생물이 살 수 있는 별이 되기 위해서는 오히려 필요하니까요.
문제는 현재의 온실 가스량이 적절하지 않다는 거예요. 꼭 신기술에 의존하지 않더라도 우리의 의식을 바꿔서 충분히 줄일 수 있어요.

9 CHAPTER 8 SECTION

방사선은 어디에나 있다.

방사선으로부터 도망칠 수 없다

방사선은 지구상 모든 곳에 존재해요. 어디에 있어도 방사선을 피할 수 없어요. 지상에 있다면 우주에서 오는 방사선 우주선을 계속 쬐게 돼요. 지하로 숨어도 라듐(Ra) 등 지구 내부에서 나오는 방사선이 있고 방사성 기체인 라돈(Rn)도 있어요.

예를 들어 두꺼운 납 창고에 들어가서 외부에서 오는 모든 방사선을 피한다고 가정할게요. 그래도 우리 몸 내부에서 발생하는 방사선은 피할 도리가 없어요. 우리들은 방사선에서 자유로울 수 없는 운명이에요.

방사선은 어디서 발생하는가?

우주에서 오는 방사선은 태양이나 더욱 먼 행성에서 진행되고 있는 원자핵 반응에 의해 발생해요.

지구에서의 방사선은 지구 내부에 있는 방사성 동위 원소의 원자핵 붕괴에 의해 생겨요. ^{40}K(포타슘)은 아래의 식처럼 붕괴되어 β선을 방출하고, ^{226}Ra(라듐)은 α선을 방출하여 ^{222}Rn(라돈)이 돼요. 그리고 ^{222}Rn은 다시 α선을 방출하여 ^{218}Po(폴로늄)이 돼요. ^{238}U(우라늄) 역시 α선을 방출하여 ^{234}Th(토륨)이 돼요.

^{40}K는 우리 몸에도 존재하며 β선을 계속 방출하고 있어요. 그뿐 아니라 유기물을 만드는 탄소에도 방사성 동위 원소가 존재하며 ^{14}C는 β선을 방출하여 질소(N)로 변화해요.

$$^{40}K \longrightarrow {}^{40}Ca + \beta선$$
$$^{226}Ra \longrightarrow {}^{222}Rn + \alpha선$$
$$^{222}Rn \longrightarrow {}^{218}Po + \alpha선$$
$$^{238}U \longrightarrow {}^{234}Th + \alpha선$$

겨우 도착했네요.
저게 우리가 타고 온 **타임머신**이에요.
아-
여긴 ……
오빠를 처음 만났던 강변이에요.
기억난다!
오빠!
그랬어?
응!
몇 마디 가르쳤더니 금새 나보다 똑똑해졌어. 부지런해서 나한테 맛있는 밥도 잘 만들어 주고.
어느 날 우연히 발견한 작은 카멜레온.
굉장한 카멜레온이라고 생각했어.
뭉클……
그랬구나.
돌봐주었구나 ……

9 CHAPTER
9 SECTION

오존홀은 인간의 무지가 만들어냈다.

오존홀이란?

지구에는 쉴 새 없이 우주선이 내리 쬐고 있어요. 이것을 쬐면 지상의 모든 생명체는 사멸되거나, 생명체 자체가 발생하지 않았을 거예요.

하지만 지구상에 생명체가 존재하는 것은 유해한 우주선을 막아주는 방호벽이 있기 때문이에요. 지상 20km 고도에 있는 **오존층**이 그것인데, 오존층의 남극 상공에 구멍이 뚫려 있는 것이 밝혀졌어요. 이 구멍으로 우주선이 내리 쬐기 때문에 피부암이나 백내장이 증가하고 있다고 해요.

오존홀을 만든 프레온은 인간이 만들었다

오존홀을 만든 것은 프레온이에요. 프레온은 탄소(C), 플루오린(F), 염소(Cl)로 이루어진 인공 무기 화합물로 몇 가지 종류가 있어요. 프레온은 끓는점이 낮은 액체여서 전자 소자의 세정이나 에어컨 냉매 등에 널리 사용되었고, 사용 후에는 자연에 그대로 버려졌어요. 이것이 오존층에 닿아 아래의 식과 같은 화학 반응에 의해서 오존 분자를 파괴했어요. 이 반응의 문제는 식 ❷, ❸이에요. 식 ❷에 따르면 오존은 염소 원자(염소 라디칼) Cl•에 의해서 산소 O_2와 OCl•로 분해돼요. 하지만 OCl•는 식 ❸에서 Cl•를 재생산해요. 반복된 반응의 결과 1개의 프레온 분자가 수천 만 개의 오존을 분해하게 되는 거예요. 결국 프레온은 제조와 사용 모두 금지되었어요.

$$\mathrm{CFCl} \xrightarrow{\text{자외선}} \mathrm{CF\cdot} + \mathrm{Cl\cdot} \quad ❶$$

$$\mathrm{Cl\cdot} + O_3 \longrightarrow O_2 + \mathrm{OCl\cdot} \quad ❷$$

$$2\mathrm{OCl\cdot} \longrightarrow O_2 + 2\mathrm{Cl\cdot} \quad ❸$$

•은 라디칼 전자

나 마법 사용할 수 있어.
에? 타임 머신이 필요없다고요?
...
프린세스! 프레온에 자외선을 쏘이면 생기는 그게…… 뭐였더라?
진짜 돌아올 거지요?
혼자서도 돌아갈 수 있다고.
자, 그럼 왜 SOS 쳤어요?
그렇다니까
선생님! 그거? 라디칼 아니에요? 염소 라디칼(Cl •)
네……
에?
공동으로 논문도 한 편 내고 말이야.
프린세스! 돌아오면 내 연구를 좀 도와줘요.
흐뭇
그럼
자~
그럼 다음에 또 만나요. 약속!
오빠! 그동안 정말 고마웠어. 미래에서 또 만나 화학 얘기를 하자…… 다음엔 유기 화학도 괜찮겠다.

9 CHAPTER 10 SECTION

플루토늄을 생성하는 원자력 발전에 미래는 없다.

무기물에 의한 에너지원

보통 에너지원이라고 하면 석탄, 석유, 천연 가스라고 하는 화석 연료를 떠올려요. 이들은 유기물이에요.

하지만 원자력 발전의 연료는 틀림없는 금속 우라늄이며 무기물이에요. 건전지 역시 무기물에 의한 무기 화학 반응이에요. 수소 연료 전지도 태양 전지도 모두 무기물을 이용한 것이에요. 무기물은 이처럼 에너지원으로도 활약하고 있어요.

무기 에너지의 미래 전망

주목하고 싶은 것은 금속과 물의 반응이에요. 마그네슘(Mg)은 고온의 물과 반응하여 열을 발생하고 수소를 발생해요. 이 열을 발전 등에 이용하려는 거예요.

$$Mg + H_2O \rightarrow MgO + H_2 + \text{열}$$

이뿐만 아니라 발생한 수소는 수소 연료 전지의 연료가 되므로 일석 이조의 에너지원으로 활용될 수 있어요.

원자력 발전에도 새로운 주자가 주목 받고 있어요. **토륨(Th)**이에요. 우라늄은 매장량이 적고 0.7%만 연료가 돼요. 반면에 토륨은 매장량이 우라늄의 3배이며 더 대단한 것은 100% 전부를 연료로 쓸 수 있다는 점이에요.

뿐만 아니라 핵무기의 원료가 되는 플루토늄을 생성하지 않아요.

왜 현재의 원자로가 토륨이 아닌 우라늄을 이용하는가 하면 플루토늄 문제 때문이에요. 지금의 원자로가 개발된 당시는 동서 냉전의 시대였고 핵무기 제조가 국가의 중대사였어요.

토륨은 인도와 중국에 많이 존재해요. 양국을 중심으로 **토륨 원자로** 개발이 이루어지고 있어요.

쓸쓸~ 해
잉~잉~
쓸쓸해~
낯을 많이 가리는 외톨이……
쓱~
이렇게 불안정한 아이였구나.
너도 세계도 원자이니까
불안정한 자신을 불안정한 세계에 맡겨 보렴. 쓸쓸하다는 것 역시 무언가와 연결되는 원소일지도 몰라.
화학은 연결을 믿게 해주니까
예전에 우리 선생님이 가르쳐 주셨단다.
선생님! 파이팅
-끝-

참고문헌

『金属のふしぎ』 齋藤勝裕 著, SBクリエイティブ, 2008.

『レアメタルのふしぎ』 齋藤勝裕 著, SBクリエイティブ, 2009.

『知っておきたい太陽電池の基礎知識』 齋藤勝裕 著, SBクリエイティブ, 2010.

『知っておきたいエネルギーの基礎知識』 齋藤勝裕 著, SBクリエイティブ, 2010.

『知っておきたい放射能の基礎知識』 齋藤勝裕 著, SBクリエイティブ, 2011.

『マンガでわかる元素118』 齋藤勝裕 著, SBクリエイティブ, 2011.

『周期表に強くなる!』 齋藤勝裕 著, SBクリエイティブ, 2012.

『絶対わかる無機化学』 齋藤勝裕 著, 講談社, 2003.

『絶対わかる物理化学』 齋藤勝裕 著, 講談社, 2003.

『絶対わかる化学結合』 齋藤勝裕 著, 講談社, 2003.

『絶対わかる有機金属化学』 齋藤勝裕 著, 講談社, 2011.

『ベーシックマスター 無機化学』 増田秀樹 他著, オーム社, 2010.

『無機化学 その現代的アプローチ』 田中勝久 他著, 東京化学同人, 2002.

『コットン·ウィルキンソン·ガウス 基礎無機化学』 コットン 他著, 中原 勝儼 他訳, 培風館, 1979.

찾아보기